Das Buch Jezira

ספר יצירה

Moses Mendelssohn Zentrum
Europäisch-Jüdische Studien
Universität Potsdam

Jüdische Quellen

מקורות ישראל

Herausgegeben von
Eveline Goodman-Thau
und Christoph Schulte

Band 1
Das Buch Jezira

Das Buch Jezira

ספר יצירה

In der Übersetzung von
Johann Friedrich von Meyer
herausgegeben von
Eveline Goodman-Thau
und Christoph Schulte

Mit Nachworten von
Moshe Idel und
Wilhelm Schmidt-Biggemann

Akademie Verlag

Das Original der hier reproduzierten Ausgabe des Sefer Jezira durch J. F. v. Meyer befindet sich im Besitz der Hebräischen National- und Universitätsbibliothek Jerusalem, Scholem-Lesesaal. Es handelt sich um das Handexemplar Gershom Scholems.

Das Nachwort von Moshe Idel „Das Buch Jezira in der jüdischen Tradition" wurde aus dem Englischen übersetzt von Angelika Schweikhart.

Die Deutsche Bibliothek – CIP-Einheitsaufnahme
Das **Buch Jezira** = Sēfer Yeṣîrā / in der Übers. von Johann Friedrich von Meyer hrsg. von Eveline Goodman-Thau und Christoph Schulte. Mit Nachw. von Moshe Idel und Wilhelm Schmidt-Biggemann. – Berlin : Akad. Verl., 1993
(Jüdische Quellen ; Bd. 1)
ISBN 3-05-002313-9
NE: Goodman-Thau, Eveline [Hrsg.]; PT; GT

ISBN 3-05-002313-9
ISSN 0944-100X

Der Akademie Verlag ist ein Unternehmen der VCH-Verlagsgruppe.

Lektorat: Helmar Kreysig
Satz: deutsch-türkischer fotosatz, Berlin
Druck: GAM Media GmbH, Berlin
Bindung: Verlagsbuchbinderei D. Mikolai, Berlin

Printed in the Federal Republic of Germany

Inhalt

Vorwort

Am Anfang war der Buchstabe. Genau geschrieben: die Buchstaben des hebräischen Alphabets. Das Buch Jezira, hebräisch *Sefer Jezira*, beschreibt die Entstehung der Welt aus den Buchstaben dieses Alphabets. Es gibt keine Welt vor oder über diesen Buchstaben, keine Kosmogonie oder Schöpfung *avant la lettre*. 'Welt' existiert erst nach, aus und in Kraft der hebräischen Buchstabenschrift, in der auch die Schrift aller Schriften, die Tora, abgefaßt ist: Heilige Schrift. In der jüdischen Tradition entspricht diesem Grundgedanken des *Sefer Jezira* die Lehre von der himmlischen Tora, einer Präexistenz der Tora in den Himmeln, bevor noch Gott die Welt schuf.

Entstanden irgendwann zwischen dem dritten und dem sechsten Jahrhundert in Palästina, repräsentiert das *Sefer Jezira* damit ein spezifisch jüdisches Denken und Selbstverständnis gegenüber Sprache und Schrift, welches sich sowohl von der christlichen Metaphorik von Geist und Buchstabe als auch von der griechisch-antiken Bevorzugung der Laut- gegenüber der Schriftsprache absetzt. Hatte es bei Paulus geheißen, daß der Buchstabe tötet, der Geist aber lebendig macht (2. Kor. 3,6), so sehen wir hier ganz früh schon die Umkehrung jenes die gesamte europäische Geistesgeschichte prägenden Topos: Im *Sefer Jezira* – deutsch: „Buch der Schöpfung" – macht der Buchstabe lebendig und formt die Welt. Die hebräischen Buchstaben sind nicht nur Ursprung von Sprache und Schrift, sondern zugleich des Seins der Welt.

Der berühmte Dichter und Philosoph Jehuda Halevi erklärt in seinem Hauptwerk, dem Buch *Kusari*: „Das Sefer Jezira lehrt das Dasein eines einzigen Gottes durch Dinge, in denen einerseits Mannigfaltigkeit und Vielheit, andererseits aber Einheit und Harmonie herrscht; diese Übereinstimmung kann bloß von dem Einen kommen, der sie gemacht hat" (*Kusari* IV, 25). In dieser Aussage ist ein wichtiges Merkmal dieses Buches ausgedrückt: Es läßt nicht nur, von der Einzigkeit und Allmächtigkeit Gottes ausgehend, die Schöpfung der Welt aus der Rede Gottes hervorgehen, sondern auch durch die Verschiedenheit und Vielfalt der Dinge in der Welt und deren Zusammenhang die Weisheit und Einzigkeit des Schöpfers erkennen.

Eine zweite bemerkenswerte Tatsache ist, daß im *Sefer Jezira* eine Analogie zwischen den Dingen und den Zeichen des Denkens angestrebt wird, den Mitteln also, durch welche die Weisheit Gottes dem Menschen zugänglich wird. Diese Zeichen sind die 22 Buchstaben des hebräischen Alphabets und die zehn Grundzahlen, die zusammen die 32 „wundervollen Bahnen" genannt werden, „mit welchen" der Gott Israels „dessen Name hoch und heilig ist, seinen Namen gegründet hat". Es geht hier also um eine Verbindung des Namens Gottes mit der Schöpfung der Welt in meßbaren Formen. Jehuda Halevi spricht in diesem Zusammenhang von drei Ebenen: das Wort „Sefar" ist die Zahl, durch welche die Dinge gemessen werden, das Wort „Sippur" drückt die Stimme des lebendigen Gottes aus, und das Wort „Sefer" die Schrift. „Die Schrift Gottes sind seine Schöpfungen; das Wort Gottes ist dessen Schrift; der Gedanke Gottes ist dessen Wort. So sind Gedanke, Wort und Schrift bei Gott nur eines, während sie beim Menschen drei Dinge sind" (*Kusari* IV, 25).

Historisch gesehen gehört dieses „Buch der Formung" sonach in die Reihe der antiken Kosmogonien und will wie die meisten dieser Texte eine reflektierte und systematische Erklärung der Weltentstehung von naturwissenschaftlich-physikalischer Geltung sein. Es unterscheidet jedoch das *Sefer Jezira* von allen anderen antiken Kosmogonien, daß diese jüdische Kosmogonie in den Buchstaben des hebräischen Alphabets ihren Anfang nimmt, welche sowohl als Buchstaben der himmlischen Tora und der Namen Gottes wie auch, nach ihrem Zahlenwert gelesen, als Maße und Formen der Welt deutbar sind. Das sichert diesem Buch eine reiche Wirkungsgeschichte in Kabbala und jüdischer Philosophie, aber auch bei christlichen Denkern in Mittelalter und Neuzeit. Oft ist das *Sefer Jezira* deshalb als „Mystik" verstanden worden, obwohl dies nicht sein eigener Anspruch ist. Dem eigenen Anspruch nach ist es „Weisheit", ein Stück Philosophie mit, wie wir heute wissen, heftigen kabbalistischen Nachwirkungen. „Wir haben hier den ersten Versuch spekulativen Denkens in hebräischer Sprache vor uns, der erhalten geblieben ist" (Gershom Scholem).

Eigentümlich ist solchem Denken der notwendige Bezug zur hebräischen Sprache und ihren Buchstaben nicht nur, weil der unbekannte Verfasser des *Sefer Jezira* uns erstmals ein philosophisches Buch in hebräischer Sprache vorlegt. Vielmehr braucht er alle Buchstaben des hebräischen Alphabets, um die Entstehung der zehn Sefirot (die hier erstmals prominent erscheinen) und der anderen Weltelemente aus ihnen zu beschreiben. Welt entsteht und wird geformt aus allen diesen Buchstaben – und aus sonst nichts, weder aus Materie noch aus Geist noch aus etwas anderem 'hinter' den Buchstaben.

Auf jüdischer, aber auch auf christlicher Seite hat das *Sefer Jezira*, wie die Nachworte Moshe Idels und Wilhelm Schmidt-Biggemanns zu diesem Band zeigen, große Resonanz gefunden. Der Übersetzer und Herausgeber der hier im Reprint vorliegenden ersten deutschen Übersetzung des *Sefer Jezira* von 1830, Johann Friedrich von Meyer (1772–1849), war Lutheraner und kommt aus der Tradition christlicher Kabbala. Von Beruf war er Jurist, zuletzt Präsident des Appellations- und Criminalgerichts in Frankfurt, zudem Gesandter im Bundestag und dreimal auch Frankfurter Bürgermeister. Wie sein katholischer Freund und Logenbruder in der Loge „Karl zur aufgehenden Sonne“, Franz Joseph Molitor (1779–1860), dessen christlich-kabbalistisches Hauptwerk *Philosophie der Geschichte oder über die Tradition* Meyer hier in seiner Einleitung zitiert, hatte er erst als Mittdreißiger Hebräisch gelernt. Seine wenig später entstandene und oft wieder aufgelegte Neuübersetzung und philologische Revision der Lutherbibel, publiziert 1819, trug ihm dann den Namen „Bibel-Meyer“ und einen Ehrendoktor der Theologie ein. Die Ausgabe des *Sefer Jezira* schließlich steht im Kontext erstaunlich weitreichender editorischer und literarischer Aktivitäten: Neben seinem Roman *Kallias* sowie deutschen Übersetzungen von Schriften Ciceros und Xenophons brachte Meyer 1819–1832 auch die Zeitschrift *Blätter für höhere Wahrheit* heraus und verfaßte neben verschiedenen religiösen und erbaulichen Schriften auch geistliche Lieder.

Für die gesamte jüdische Religions-, Literatur- und Philosophiegeschichte ist das *Sefer Jezira* Quelle und Klassiker zugleich. Diesem Status wird die sorgsam gestaltete, erste zweisprachige, hebräisch-deutsche Edition des Buches durch Johann Friedrich von Meyer gerecht. Daß diese Ausgabe selbstredend nicht in allen Punkten dem heutigen Stand historisch-kritischer Editionspraxis entspricht, hat im Fall des *Sefer Jezira* Tradition: Es gab nie einen einzigen, definitiven Originaltext des Buches, sondern seit je und bis heute verschiedene Lesarten und Textanordnungen in verschiedenen Manuskripten und Druckschriften, aus denen auch mit höchstem philologischem Aufwand nur näherungsweise eine ohnehin nur vermeintlich authentische Fassung des „Originals“ sich rekonstruieren läßt. Der Ausgabe von Meyers wurde hier der Vorzug gegeben, weil sie, nicht zuletzt ihrer Zweisprachigkeit wegen, selbst schon ein historisches Dokument ist. Wir meinen, daß wir mit kaum einem anderen Buch als dem *Sefer Jezira*, diesem ältesten bekannten philosophischen Werk der jüdischen Tradition, die Reihe *Jüdische Quellen* mit ihren zweisprachigen Ausgaben jüdischer Klassiker im Akademie Verlag besser eröffnen könnten.

Eveline Goodman-Thau
Christoph Schulte

Das Buch Jezira,

die älteste kabalistische Urkunde der Hebräer.

Nebst den zweyunddreyßig Wegen der Weisheit.

Hebräisch und Teutsch,

mit Einleitung, erläuternden Anmerkungen und einem punktirten Glossarium der rabbinischen Wörter.

Herausgegeben

von

Joh. Friedrich v. Meyer,
Dr. d. Th.

Leipzig,
bey C. H. Reclam.
1830.

Das Buch Jezira.

Einleitung.

Der Verfasser des Buchs: „Philosophie der Geschichte oder über die Tradition" (Frankf. a. M. b. Hermann 1827) — welches wir als ein Werk seltener Gelehrsamkeit und tiefer Forschung hiemit empfohlen haben wollen — sagt (S. 64 f.): „Dem Patriarchen Abraham wird, nach der fast einstimmigen Meinung aller Kabalisten, ein Buch zugeschrieben, Sepher J'zirah (das Buch der Bildung oder Schöpfung) genannt. Auf jeden Fall trägt dieses dunkle, räthselhafte und inhaltschwere Buch, wenn es auch nicht von Abraham selber herrührt, doch das Gepräge eines hohen Alterthums an sich, und ist gewiß nicht, wie Einige dafür halten, von Rabbi Akibah verfaßt, sondern durch diesen zweyten Esra nur mehr verbreitet worden — — Diese alte, dunkle, nur aus wenigen Blättern bestehende Schrift wurde von jeher als das Fundament und als der wesentliche Inbegriff der gesammten höhern Weisheit betrachtet. Die spätern kabalistischen Werke sind daher gleichsam nur Erklärungen und erweiterte Ausführungen von demjenigen, was in diesem kleinen wunderbaren Buche auf dunkle, hieroglyphische Weise angedeutet liegt."

Es ist schon früher bemerkt worden, daß das Buch Jezira, wie wir es besitzen, den Patriarchen Abraham nicht zum Verfasser haben könne *); dafür werden sich, wo nöthig, unten die sprechendsten Beweise finden. Die Angabe hat vielmehr einen kabalistischen, als einen buchstäblichen Sinn. Indessen ist es das älteste von allen vorhandenen kabalistischen Büchern. So schwer verständlich es sich anlassen mag, so ermüdet es doch den Leser weit weniger, als andre und spätere. Es reizt nur, gleich allen Schriften des höhern Alterthums, zum Nachdenken, und will vielmehr durchgründet, als gelesen seyn. Es deutet an mit Worten und Buchstaben, wie die älteste Bildnerey mit Formen. Seine Bildlichkeit ist einfach wie seine Sprache; auffallend, aber nicht geschmackwidrig. Es ist trocken, aber nicht zurückstoßend. Ein weiser Ernst liegt auf ihm wie eine Wolke, von Strahlen des Lichtes durchschimmert, welche ladend und warnend zwischen ihm und dem betroffenen Leser eine Vermittelung stiften. Sie laden zuzusehen, ob des Lichtes noch mehr dahinter sey, und warnen vor der Flüchtigkeit

*) Blätter für höhere Wahrheit, 4. Samml. S. 221.

und Flachheit, womit bisher die neuere Zeit verwarf, was sie nicht auf den ersten Blick verstand. Es ist eine hergebrachte Meinung, die ganze sogenannte Kabala sey ein synkretistischer Traum, zusammengeflossen aus morgenländischen, Aegyptischen, Pythagoräischen, neuplatonischen, gnostischen Ideen, ausgeheckt in Aegypten, dem Vaterlande philosophischer Abenteuerlichkeiten, gleichsam der zurückgeleitete siebenarmige Nil, von seinem eigenen und fremder Meere Schlamm getrübt, ein Spiel der kindisch gewordenen Vernunft der Alten. Bessere Unterscheidungen sind in dem oben angeführten Aufsatz zu geben versucht worden, und Gründlicheres und Vollständigeres ist darüber geliefert und noch zu erwarten in dem gedachten Werk über die Tradition, worin man unter andern auch finden wird, wie die Ueberlieferung sich in zwey Hauptzweige schied, von denen einer zum Talmud, als dem Inbegriff der Jüdischen Synagogensatzungen, der andre zur Kabala, als der freyen mystischen Lehre, erwuchs. Solche Forschungen werden mehr und mehr die Begriffe berichtigen, die sich in die neuere Geschichte des Glaubens und der Philosophie eingeschlichen haben, und auch weiter nichts als eine Tradition sind, von einem Geschichtschreiber auf den andern fortgeerbt, und genehmigt von einer Rationalistik, welche die Mühe scheute, außer sich selbst nach Wahrheit zu spüren, und welche die frühern Lebensalter des Menschengeschlechts, weil es sie noch mehr in die Natur verwebt und ihre Ideen in deren Bildergewand gekleidet fand, gegen ihre eigene vermeinte Mannheit verachtete. Diese neue historische Tradition aber wird sich immer mehr als leer und willkührlich, und dieses Selbstvertrauen wird sich als anmaßlich bewähren, indem die Zeit heranrückt, wo der Kreislauf der Intellectualität geschlossen und die geistigen Vorzüge der alten und der neuen Welt zusammen vereinigt werden müssen. Die Schrift nennt dieses eine Zusammenbekehrung der Herzen der Väter und der Kinder (Mal. 4, 6. Luc. 1, 17); und nicht anders kann der Mensch im Großen die Mündigkeit erreichen, als wenn er in der Vollständigkeit alles dessen, was er seit allen Jahrtausenden erlebt hat, wiedergeboren auftritt. Wir glauben uns viel zu früh am Ziel; wir haben von dem Alten fast nur die Schale, die äußerliche Notiz mitgenommen, und werden umkehren müssen, um die inzwischen verlorenen Kerne wieder aufzusuchen. Sie leichter und reiner zu finden, hilft uns die neuere Bildung allerdings mit, und ist darum sehr schätzbar; nur der Dünkel von erlangter Vollkommenheit ist gefährlich und trübt unsere Augen, daß wir eben das verkennen, was wir suchen, wie die auf ihr Gesetz stolzen Abrahamiden Den verkannten, der gleichsam aus dem prophetischen Alterthum, als dem Urbegriff, wesentlich zu ihnen wiederkam. Von ihm hieß es: „Siehe, ich komme; im Buch ist von mir geschrieben" (Ps. 40, 8). Und so heißt es noch für die wahre christliche Weisheit, wenn sie als Erfüllung alles desjenigen kommt, was im großen Buche der Welt mit sehr verschiedener, oft schwer lesbarer Schrift von ihr geschrieben steht.

Für ein Blatt aus diesem großen Buche mag denn auch der Sepher J'zirah gelten, dessen Alter freylich unbestimmt bleiben muß, der aber unstreitig älter als der Sohar ist. Wir haben in jener Abhandlung*) das Buch Sohar für das „älteste ächte kabalistische Werk, das auf uns gekommen ist",

*) S. 223.

nur in dem Sinn angegeben, daß das Buch Jezira oder J'zirah einen falschen Autor, den Patriarchen Abraham, auf dem Titel trägt, dagegen der Sohar einen bekannten, authentischen Urheber, den Rabbi Schim'on ben Jochai hat, und die Zeit seines Ursprungs, nach dortiger Anzeige der Anfang des dritten Jahrhunderts, richtiger aber des zweyten, sich nachweisen läßt. Setzt man also das Buch Jezira in das erste Jahrhundert, so macht man es nicht zu alt; und indem die einfache Schreibart für seinen frühen Ursprung spricht, steht ihm die darin befindliche Buchstabenmystik nicht entgegen, wenn man es noch höher, auch über Christi Geburt, hinaufrücken will.

Das Hebräische Alphabet von zweyundzwanzig Buchstaben ist nämlich ein uraltes Nationaleigenthum, und seinem Bestande, vielleicht auch seiner Quadratform nach (man vergleiche das Buch über die Tradition), von der Literatur und bildlichen Weisheit Israels unzertrennlich. Nicht genug, daß die Schriften des Volks darin geschrieben sind; Gott hat auch (sagen die Hebräer) die ganze Schöpfung mit diesen zweyundzwanzig Buchstaben geschrieben, und auch gezählt, indem sie zugleich Ziffern sind. Nämlich die Schöpfung ist Gottes Wort, aus dem Gedanken in das Wort oder formende Werkzeug und in die Schrift oder Wirklichkeit gegangen; und diese hervorgebrachte Gestaltung ist geartet nach gewissen Eigenschaften, deren Bilder die 22 Buchstaben sind. So sind diese der Ausdruck der Qualitäten, und durch sie die Qualitäten auf den Grund der Natur getragen. Zwar läßt sich ihre Anzahl nach den Organen und andern Beziehungen auf wenigere zurückbringen; aber der ausgelegte (exponirte) Gehalt aller Consonanten, als der Verleiblichungen oder Formen, welche den geistigen Selbstlautern Maaß oder Bildung (Articulation) geben, ist die Zahl 22. Und diese Zahl ist zugleich die des Cirkels, als der vollkommensten Figur, des Bildes des Alls und des ewigen Daseyns. Denn es ist schon ein alter und unbestreitbarer geometrischer Lehrsatz, daß der Diameter sich zur Peripherie verhält, beynahe wie 7 zu 22. Die heilige Zahl 7 ist der Durchmesser oder das Innere, vergleicht sich auch sieben Vocalen, die in der Griechischen Schrift am deutlichsten exponirt sind, und 22 der Umkreis oder das Aeußere der Dinge. Der Complex oder Umfang der Formen macht eben so viel Buchstaben aus. Und wie das Hebräische im Ganzen 10 Vocale zählt, wovon jedoch drey: a — i — o (nach der Bezeichnung im Arabischen durch Fatha, Khesre und Dhamma) als der Grund betrachtet werden können, woraus die andern durch linde Beugung des Lauts oder dessen Verlängerung entstehen, gleichsam als die Herrscher, denen die übrigen sieben unterworfen sind: so entsprechen diese 10 Selbstlauter den zehn göttlichen Grundzahlen oder Sephiroth, deren drey oberste das Wesen, die sieben untersten die Eigenschaften der Gottheit abbilden. Wenn, wie Einige muthmaßen, das Hebräische zuerst auch nur drey Vocalzeichen hatte, so sind jedoch die zehn als deren Exposition zu betrachten. Auch das Griechische hat im Grunde 10 Vocale, indem die drey Ancipites α — ι — υ die Stelle von 6 vertreten, und an sich wieder als die Vocalmütter erscheinen, denen die Lesemütter unter den hebräischen Consonanten א, י, ו, entsprechen. Die zehn Sephiroth nun sind eben so viel Kräfte der göttlichen Weisheit und Wirkungen derselben; sie wirken fort in das Creatürliche, und stellen sich folglich dar in der Zahl 22. Was wir Kräfte, Wirkungen oder Arten, Formen nennen, und zugleich Stufen oder Abstufungen sind, das nennt der Hebräer Wege; und so entstehen aus den 10 und den 22 zusammen, die 32 Wege der Weisheit, wovon das Buch Jezira im Eingang spricht. Vermuthlich von andrer Hand sind diese näher benannt und beschrieben; daher man die 32 Wege der Weisheit dem Buche selbst vorgesetzt findet, und wir sie auch hier nicht weglassen wollten. Das Buch J. redet daher, nachdem es die 32 Wege genannt hat, fortwährend von 10 Zahlen und 22 Buchstaben, welche letztere es wieder eintheilt in 3 Mütter, 7 doppelte und 12 einfache. Sie zusammen, die 32 Wege, geben den Dingen ihre Signatur (daher im Eingang: „er zeichnete"); und die 22 Buchstaben sind selbst die Signaturen, die aber verschiedenen Eintheilungen, Zusammensetzungen und Vertauschungen unterliegen. Wird nun also der Durchmesser zu 7 angenommen, so sind die 3, woraus die 7 entstehen, gleichsam der Factor, der die 7 multiplicirt, und mit ihnen das Product 21 = 22 gibt. Denn 21 und 22 sind gleich, indem der erste Buchstabe א das formlose erste Wesen bezeichnet, in Aehnlichkeit mit der obersten Grundursache der Dinge, die durch die Sephiren ihn zuerst hervorbringt oder ausspricht, so daß er ein Nichts (אין) und doch der Grund des Etwas ist. Denn ohne diesen verborgenen Anhauch (Aspiration) kann sogar kein Selbstlauter ertönen, und er ist der unweigerliche Begleiter aller Mitlauter oder Tonkörper. Er ist der, mathematisch kaum bestimmbare Ueberschuß über das dreyfache Verhältniß des Umkreises gegen den Durchmesser; daher dieses in der heil. Schrift schlechthin wie 3 zu 1, also wie 21 zu 7, angenommen wird, namentlich an den Säulen des Tempels, deren Durchmesser zu 4 Ellen und der Umfang zu 12 Ellen angegeben ist (denn so ist zu verstehen 1 Kön. 7, 19. 15), und noch deutlicher bey dem ehernen Meer, von dem es heißt: „Und er machte ein Meer, gegossen, zehn Ellen weit von einem Rande zum andern, und ringsum, und fünf Ellen hoch, und eine Schnur dreyßig Ellen lang war das Maaß umher" (das. V. 23). Die Jüdischen Gelehrten machen öfters von dieser scheinbar unrichtigen Angabe die Erklärung: „Eins ist keins, einmal keinmal" rc. die dann für einen Scherz gehalten wird, aber in Obigem ihren ernsthaften Grund hat. Das Eins oder א ist nach den kabalistischen Begriffen wirklich ein Keins. Wird aber der Kreis zur Kugel, und tritt also die Figur des Alls in den Körper, wo dann jeder Buchstabe einen besondern Ausschnitt einnimmt, so offenbart sich die Zahl 7 in sechs Radien, nach den 4 Weltgegenden, dem Scheitelpunkt und Fußpunkt, welche grenzenlose Linien oder ins Unendliche fortlaufende Punkte bilden, und in dem Mittelpunkt. So viel zur einstweiligen Vorbereitung; das Weitere im Buch und in den Anmerkungen. Man ersehe nun hieraus fürerst die Ursache, warum das Alphabet, welches zugleich die Zifferntafel ist, zum Werkzeug kabalistischer Bildnerey gebraucht wurde.

Ueber die Ausgaben des Buchs Jezira und dessen Commentatoren, auch Uebersetzer, findet man das Nöthige bey Wolf *) und Fabricius **). Der Text soll in den Handschriften ungewöhnlich viel verschiedene Lesarten haben, wovon jedoch die meisten unbedeutend, auch bloße Schreibfehler seyn mögen, obwohl das Büchlein auch wesentlichere Veränderungen erlitten haben kann. Wolf gibt eine

*) J. Chph. Wolfii biblioth. Hebr. Tom. I. pag. 23 sqq.

**) J. A. Fabricii codex pseudepigraph. V. T. Vol. I. pag. 381 sqq.

Probe von den Varianten der beyden Mantuaner Ausgaben. Der ersten derselben, von 1562 mit Commentarien, folgt der Abdruck des Textes bey Rittangel, den wir hier zu Grund legen. Der vollständige Titel seiner Ausgabe (der jüngsten vorhandenen) ist: ספר יצירה id est Liber Jezirah, qui Abrahamo patriarchae adscribitur, una cum commentario Rabi Abraham F. D. (filii Dior) super 32 Semitis Sapientiae, a quibus liber Jezirah incipit. Translatus et notis illustratus a Joanne Stephano Rittangelio, ling. Orient. in Elect. Acad. Regiomontana Prof. extraord. Amstelodami ap. Jo. et Jodoc. Janssonios 1642. 4to. Schon vor jenem ersten Druck des Hebräischen Textes hatte Wilh. Postellus eine Lateinische Uebersetzung mit Anmerkungen herausgegeben, Paris 1552. 8. Von ihr hat Herausgeber eine schriftliche Copie in die Hände bekommen und verglichen; deßgleichen eine andere Lateinische Version, die sich in Jo. Pistorii artis cabalisticae scriptorum Tom. I. pag. 869 sqq. befindet, und von der Postellischen abweicht, und für deren Urheber bald Joh. Reuchlin, bald Paul Riccius gehalten wird *). Beyde beweisen ebenfalls die große Verschiedenheit der Lesarten. Sollte nun Jemand im Besitz wichtiger Hülfsmittel für die Berichtigung des Textes des Buchs J. seyn, so wünscht Herausgeber die Mittheilung oder Bekanntmachung der bedeutendern Varianten, die nämlich nicht bloße Schreib- oder Druckfehler, auch nicht bloß verschiedene Wortformen oder Synonyme, oder gleichgültige Einschiebsel, sondern den Sinn wesentlich verändernde oder aufklärende Abweichungen sind, und die auch nicht schon bey Postellus und Pistorius vorkommen.

Man erwarte übrigens keine vollständige Erklärung des Büchleins Jezira oder der 32 Wege von dieser neuen Ausgabe und Uebersetzung, die nebst ihren Noten nur der Forschung behülflich seyn, sie nicht entbehrlich machen soll. Auch soll über den Werth der einzelnen Namen der Wege, oder über Aehnliches in dem Buche selbst, kein Urtheil gefällt werden.

Gegenwärtige Uebersetzung ist, so viel der Verfasser weiß, die erste in Teutscher Sprache, und war um so nöthiger, da die Rittangelische Ausgabe und Lateinische Version nicht nur selten ist, sondern auch an manchen Unrichtigkeiten leidet, der frühern Uebersetzungen hier nicht zu gedenken.

Das Glossarium sollte denjenigen zur Hülfe dienen, welche zwar Hebräisch verstehen und Hebräische Wörterbücher besitzen, aber mit der rabbinischen Sprache unbekannt sind. Es enthält folglich Wörter, die in dem gewöhnlichen Hebräisch-Chaldäischen Lexikon über die Bibelschriften nicht, oder nicht in dieser Bedeutung gefunden werden.

Für die Unkundigen der ursprünglichen Kabalistik wollen wir nur noch wenige Worte zur Erläuterung hersetzen. Die Grundursache der Dinge heißt Aensoph, das unendliche Wesen. Von ihm geht aus Adam kadmon, d. i. der Urmensch (der Sohn), der Kanal des Lichts; aus diesem fließen (eigentlich ein zusammengehöriger Bach) zehn Sephiren oder Urzahlen, zuweilen als eben so viele concentrische Lichtkreise abgebildet, in deren Mitte sich der Raum oder die Schöpfung befindet. In den drey obersten Sephiren stellt sich die Urdrey, welche Eins ist, das dreyeinige Wesen der Gottheit, für das

*) S. Wolf l. c.

Geschöpf näher faßlich dar; in den sieben untern die Eigenschaften oder Kräfte derselben Gottheit. Jede höhere Sephire wirkt in die niedere, und sie alle in das Geschaffene, oder in die von ihnen stufenweise ausfließenden Welten. Was über den Sephiren liegt, ist für das Geschöpf ganz unbegreiflich, ist das Ayn oder Mah (das Nichts oder Etwas), wovon oben die Rede war; und eben so verhält es sich für uns mit dem Einfluß der Gottheit in die Körperwelt, in welcher wir zwar eine Dreyheit der Substanz, die eine Dreyeinheit ist, sinnlich wahrnehmen können, z. B. in der Pflanze und im Thierkörper die innig verbundenen salzigen, öligen und flüchtigen Bestandtheile (welche die alten Chemiker Salz, Schwefel und Merkur zu nennen pflegten), nebst den Attributen und Entwickelungen der körperlichen Dinge, als: Entstehung, Bildung, Leben u. s. w., aber nicht, was über ihnen hinaus den Geschöpfen Daseyn, Leben und Bestand verleiht, und die zehn Zahlen der Körperwelt in Thätigkeit setzt, die unsichtbare zeugende und speisende Kraft in der Natur, den Lebenshauch, das Wort und den Stellvertreter des Geistes Gottes, den abgestuften Ausfluß aus den höhern Welten. Auch dieses Wesen ist in der Aehnlichkeit des göttlichen für uns unfaßlich, es ist für die Sinne ein Nichts, in sich aber das große Etwas der Schöpfung, der Jezira, d. i. Formation der Dinge. Diese Null ist überall der Anfang, und ist der mathematische Punkt vor aller Zahl. Daher eine Stelle sagt: „Und vor dem Eins was zählest du?“ was aber auch die Uebersetzung zuläßt: „Und vor dem Eins zählest du Was“, das Was? das Mah? die Null, die große Frage. Antwortet man nun auf jene Auslegung („was zählest du?“) — Nichts, so ist es eben das Nichts, welches der Grund des ersten Etwas ist.

Zweyerley wird sich hieraus ohne Anstand ergeben: erstlich daß die eigentliche Kabala oder Mystik der Juden (die von ihren Auswüchsen wohl zu unterscheiden ist) in genauer Verbindung und Uebereinstimmung mit den Lehren beyder Testamente steht, und für die Juden einen Beleg der christlichen Wahrheit enthält; und zweytens, daß ihre Kenntniß für den philosophischen Forscher von Belang und gar nicht zu umgehen ist. Will man ihr und diesem Büchlein bloß historischen Werth beylegen, ja will man letzteres nur eine antike Sonderbarkeit nennen, so kann der Herausgeber, der nichts zu überschätzen gesonnen ist, auch dann diese Arbeit für genugsam gerechtfertigt ansehen.

Die 32 Wege der Weisheit.

Der 1. Weg.

Heißt der geheime [a]) Verstand (die höchste Krone) [b]), und ist das ursprüngliche Licht des Verständnisses [c]), und ist die erste Herrlichkeit, deren Seyn irgend kein Geschöpf begreifen mag [d]).

הנתיב הא׳:

נקרא שכל מופלא (כע׳) והוא אור מושכל קדמון והוא כבו׳ ראשון אשר אין כל בריה (יכולה) לעמוד על מציאותו:

Der 2. Weg.

Ist der erleuchtende Verstand, und ist die Krone der Schöpfung, und der Glanz der gleichen Einheit, so erhöhet ist über Alles zum Haupt [e]); und er heißt nach den Kabalisten: die zweyte Herrlichkeit.

הנתיב הב׳:

הוא שכל מזהיר והוא כתר הבריאה וזוהר האחדות השוה המתנש׳ לכל לראש והוא נקרא כפי בעלי הקבלה כבוד שני:

Der 3. Weg.

Heißt der heiligende Verstand, und ist der Grund der ursprünglichen Weisheit [f]), die da heißt die gewisse Wahrheit [g]), und ihre Wurzeln אמן; und ist der Vater der Wahrheit [g]), weil von seiner Kraft die Wahrheit [g]) ausfließt.

הנתיב הג׳:

נקרא שכל מקודש והוא יסוד החכמה הקדומה הנקרא אמונה אומן ושרשיה אמן והוא אב האמונה שמכחו האמונה נאצלת:

Der 4. Weg.

Heißt der haftende [h]) Verstand, und heißt also weil von ihm ausfließen alle geistige Kräfte in der [i]) Feinheit des Ausflusses, welche ausfließen die einen von den andern in Kraft des ursprünglichen Ausflußgebenden (der höchsten Krone), so gebenedeyet sey!

הנתיב הד׳:

נקרא שכל קבוע ונקרא כן שממנו מתאצלים כל הכחות הרוחניות בדקות האצילות שמתאצלות אלו מאלו בכח המאציל הקדמון (כע׳) ית׳:

Der 5. Weg.

Heißt der gewurzelte Verstand, und heißt also weil er das Wesen der gleichen Einheit ist, und ist vereinigt mit dem Wesen der Bina [k]), welche ausfließt aus dem Zaun [l]) der ursprünglichen Chochma [m]).

הנתיב הה׳:

נקרא שכל נשרש ונקרא כן מפני שהוא עצם האחדות השוה והוא המיוחד בעצם הבינה הנאצלת מגדר החכמה הקדומה:

Der 6. Weg.

Heißt der Verstand der unterschiedenen Strömung [n]), und heißt also weil in ihm sich mehrt die Strömung des Ausflusses, und er strömen läßt solche Strömung in alle Teiche, die mit ihm selbst vereinigt sind.

הנתיב הו׳:

נקרא שכל שפע נברל ונקרא כן מפני שבו מתרב׳ שפע האצילות והוא משפיע השפע ההוא על כל הבריכות המתאחדות בעצמו:

Der 7. Weg.

Heißt der verborgene Verstand, und heißt also weil er ist der Glanz erglänzend auf alle verständliche Kräfte, welche geschauet werden mit dem Auge des Verstandes und mit gläubiger Betrachtung [o]).

הנתיב הז׳:

נקרא שכל נסתר ונקר׳ כן מפני שהוא זוהר מזהיר לכל הכחות השכליים הנראי׳ בעין השכל וברעיון האמונות:

Der 8. Weg.

Heißt der vollkommene Verstand, und heißt also weil er ist die Zurichtung der Ursprünglichkeit [p]), welcher keine Wurzel hat worauf er sitze, als in den Kammem der Gedula [q]), welche ausfließen aus seinem eigenen Bestande.

הנתיב הח׳:

נקרא שכל שלם ונקר׳ כן מפני שהוא תכונת הקדמות אשר אין לו שורש להתיישב בו כי אם בחררי הגדולה הנאצלים מעצם קיומו:

Der 9. Weg.

Heißt der reine Verstand, und heißt also weil er reinigt die Zahlen [r]), und läutert und verkläret [s]) den Schnitt ihres Bildes, und wäget [t]) ihre Einheit, damit sie vereinigt sind ohne Abbruch und Trennung.

הנתיב הט׳:

נקרא שכל טהור ונקרא כן מפני שהוא מטהר את הספירות ומבחין ומבהיק גזירת תבניתם ותוכן אחדותם שהן מיוחדות מבלי קצוץ ופירוד:

Der 10. Weg.

Heißt der strahlende Verstand, und heißt also weil er aufsteigt [u]) und sitzet auf dem Thron der Bina, und leuchtet im Glanz [v]) aller Lichter, und strömet der Strömung die Menge auf den Fürsten des Angesichts [w]).

הנתיב הי׳:

נקרא שכל מתנוצץ ונקרא כן מפני שהוא מתעל׳ ויושב על כסא הבינה ומאיר בזוהר המאורות כולם ומשפיע שפע ריבוי לשר הפנים:

Der 11. Weg.

Heißt der funkelnde Verstand, und heißt also weil er das Wesen des Vorhanges ist, welcher ist geordnet nach der Ordnung der Einrichtung, und ist die Würde [x]), gegeben zu stehen vor der Ursache der Ursachen.

הנתיב הי״א:

נקרא שכל מצוחצח ונקרא כן מפני שהוא עצם הפרגוד המסודר בסדר המערכ׳ והוא יחס הנתנת לעמוד בפני עלת העלות:

Der 12. Weg.

Heißt der klare Verstand [y]), und heißt also weil er das Wesen des Rades [z]) der Größe ist, welches Chaschasith [a]) heißt, nämlich der Ort des Ausgangs des Schauens der Schauer im Gesicht.

הנתיב הי״ב:

נקרא שכל בהיר ונקרא כן מפני שהוא עצם האופן הגדולה הנקרא חזחזית פי׳ מקום מוצא חזיון החוזים במראה:

Der 13. Weg.

Heißt der Verstand welcher die Einheit bringt, und heißt also weil er das Wesen der Herrlichkeit ist, und ist die Vollendung der Wahrheit [b]) der einzelnen geistigen Dinge.

הנתיב הי״ג:

נקרא שכל מנהיג האחדות ונקרא כן מפני שהוא עצם הכבוד והוא תשלום אמתת הרוחניים האחדים:

Der 14. Weg.

Heißt der leuchtende [c]) Verstand, und heißt also weil er ist das Wesen des Chaschmal [d]), und der Lehrer über die Geheimnisse der Gründe des Heiligen und ihre Zurichtung.

הנתיב הי״ד:

נקרא שכל מאיר ונקר׳ כן מפני שהוא עצם החשמל והמורה על רזי יסודות הקדש ותכונתם:

Der 15. Weg.

Heißt der bestellende [e]) Verstand, und heißt also weil er bestellet das Wesen der Schöpfung im reinen Dunkel [f]), und die Männer der Betrachtung [g]) sagen, daß er das Dunkel sey, da es heißt: Und Dunkel war seine Einwickelung [h]).

הנתיב הט״ו:

נקרא שכל מעמיד ונקרא כן מפני שהוא מעמיד עצם הבריאה בערפלי טהור ובעלי העיון אמרו כי הוא הערפל וזהו׳ וערפל חתולתו:

Der 16. Weg.

Heißt der ewige [i]) Verstand, und heißt also weil er ist die Wonne der Herrlichkeit, unter der keine Herrlichkeit ist, so ihr gleich zu achten wäre; und er heißt der Garten Eden, der bereitet ist den Frommen.

הנתיב הי״ו:

נקרא שכל נצחי ונקרא כן מפני שהוא עדן הכבוד שאין כבוד למטה הימנה כמו שהוא והוא הנק׳ גן עדן המוכן לחסידים:

Der 17. Weg.

Heißt der Verstand der Empfindung [k]), und er bereitet [l]) den Frommen den Glauben, daß sie dadurch bekleidet werden mit dem heiligen Geist; und er heißt der Grund der Tiphereth [m]), im Stande der obern Dinge [n]).

הנתיב הי״ז:

נקרא שכל ההרגש והוא מוכן לחסידי האמונה להתלבש בו ברוח קדושה והוא נקרא יסוד התפ׳ במעמד העליונים:

Der 18. Weg.

Heißt der Verstand das Haus der Strömung [o]), und mitten aus seinen Forschungen [p]) ziehen Geheimniß und Räthsel, die da wohnen in seinem Schatten, und die da anhängen der Forschung seiner Wesenheit aus der Ursache der Ursachen.

הנתיב הי״ח:

נקרא שכל בית השפע ומחוך חקירותו מושכים רז וחידה המתלוננים בצלו והדבקים בחקירת ממשותו מעלת העלות:

Der 19. Weg.

Heißt der Verstand des Geheimnisses aller geistigen Wirkungen, und heißt also wegen der Strömung, die sich in ihn ergießt aus dem obersten Teich [q]) und der erhabenen Herrlichkeit.

הנתיב הי״ט:

נקרא שכל סוד הפעולות הרוחניות כולם ונק׳ כן מפני השפע המתפשט בו מן הברכה העליונה והכבוד המעולה:

Der 20. Weg.

Heißt der Verstand des Wohlgefallens [r]), und heißt also weil er ist die Zurichtung alles und jedes Geschaffenen [s]); und durch diesen Verstand wird kund alles Seyn der ursprünglichen Weisheit.

הנתיב הך׳:

נקרא שכל הרצון ונק׳ כן מפני שהוא תכונת כל היצורים כולם ובזה השכל יודע כל מציאות החכמה הקדומה:

Der 21. Weg.

Heißt der Verstand des Verlangens des Gesuchten [t]), und heißt also weil er empfängt die Strömung der Gottheit [u]), um auszuströmen von ihrem Segen [v]) auf Alles und Jedes, das vorhanden ist.

הנתיב הכ״א:

נקרא שכל החפץ המבוקש ונק׳ כן מפני שהוא מקבל שפע האלהות כדי להשפיע מברכתו לכל הנמצאים כולם:

Der 22. Weg.

Heißt der gewisse [w]) Verstand, und heißt also weil in ihm sich mehren die geistigen Kräfte, um nahe zu seyn Allen die in ihrem Schatten wohnen.

הנתיב הכ״ב:

נקרא שכל נאמן ונקרא כן מפני שבו מתרבים כחות הרוחניים כדי להיותם קרובים לכל המתלוננים בצלם:

Der 23. Weg.

Heißt der beständige Verstand, und heißt also weil er ist die Kraft des Bestandes für alle Zahlen [x]).

הנתיב הכ״ג:

נקרא שכל קיים ונקרא כן מפני שהוא כח קיום לכל הספירות:

Der 24. Weg.

Heißt der bildende Verstand, und heißt also weil er Bildung gibt allen Gebilden,

הנתיב הכ״ד:

נקרא שכל רמיוני ונקרא כן מפני

welche geschaffen sind in ihren Bildungen, gemäß ihrer Zierlichkeit.

שהוא נותן דמות לכל הדמיונים אשר נברא בדמיונם ראויה לצביונם:

Der 25. Weg.

Heißt der Versuchungsverstand, und heißt also weil er die ursprüngliche Versuchung ist, womit der Schöpfer (gebenedeyt sey er!) alle Fromme versucht.

הנתיב הכ״ה

נקרא שכל נסיוני ונקרא כן מפני שהוא הנסיון הקדמון אשר בו מנסה הבורא ית׳ לכל החסידים:

Der 26. Weg.

Heißt der erneuernde Verstand, und heißt also weil durch ihn der Heilige [y]) (gebenedeyt sey er!) erneuert alles Neue, welches erneuert worden ist in der Schöpfung der Welt [z]).

הנתיב הכ״ו:

נקרא שכל מחודש ונקרא כן מפני שבו מחדש הקב״ה לכל החדשים שהם מתחדשים בבריאת עולם:

Der 27. Weg.

Heißt der sinnliche Verstand [a]), und heißt also weil aus ihm erschaffen ist der Verstand alles Erschaffenen unter dem obern Kreis [b]) und ihre Sinne [c]).

הנתיב הכ״ז:

נקרא שכל מורגש ונקרא כן מפני שממנו נברא שכל כל נברא מתחת גלגל העליון והרגשותם:

Der 28. Weg.

Heißt der natürliche Verstand, und heißt also weil durch ihn vollendet worden die Natur alles dessen das vorhanden ist unter dem Kreis der Sonne in der Vollendung.

הנתיב הכ״ח:

נקרא שכל מוטבע ונקרא כן מפני שבו נשלם טבע כל נמצא מתחת גלגל החמה בשלימות:

Der 29. Weg.

Heißt der leibliche Verstand, und heißt also weil er gestaltet allen Leib, welcher geleibt wird unter der Zurichtung aller Kreise in ihrem Wachsthum.

הנתיב הכ״ט:

נקרא שכל מוגשם ונקרא כן מפני שהוא מתאר כל גשם אשר יתגשם תחת תכונת כל הגלגלים בגידולם:

Der 30. Weg.

Heißt der sammelnde Verstand [d]), und heißt also weil durch ihn sammeln die Himmelskundigen [e]) mittelst ihrer Urtheile von den Sternen und Himmelszeichen [f]) ihre Betrachtungen, die Vollkommenheiten ihrer Wissenschaft, nach den Rädern [g]) ihrer Umwälzung.

הנתיב הל׳:

נקרא שכל כללי ונקרא כן מפני שבו כוללים הוברי שמים במשפטיהם הכוכבים והמזלות עיונם תשלומי ידיעתם באופני גלגלם:

Der 31. Weg.

Heißt der immerwährende Verstand; und warum heißt er also? weil er leitet den Gang der Sonne und des Monds nach dem Weg ihrer Zurichtung, ein jegliches in dem Kreise, der ihm angemessen ist.

הנתיב הל״א:

נקרא שכל תמידי ולמה נקרא כן מפני שהוא מנהיג מהלך השמש והלבנה דרך תכונתם כל אחד ואחד בגלגל הראוי לו:

Der 32. Weg.

Heißt der dienstbare [h]) Verstand, und heißt also weil er ist ein Ordner aller Dienenden im Werke [i]) der sieben Planeten nach ihrer Schaar [k]).

הנתיב הל״ב:

נקרא שכל נעבד ונקרא כן מפני שהוא מתוקן לכל המשתמשים בעבודת שבעה כוכבי לכת לחבלם:

Das Buch Jezira.

1. Capitel. 1. Abschnitt.

In zweyunddreyßig wunderbaren Wegen der Weisheit zeichnete [a]) Jah Jehova Zebaoth, der Gott Israels, der lebendige Gott, und König der Welt, Gott barmherzig und gnädig, hoch und erhaben, der da ewig wohnet, hoch und heilig sein Name [b]), durch drey Sepharim: durch Sepher (oder Sopher) und Sepher (oder Sopher) und Sipur (Zahlen: durch Zahl, und Zähler, und Gezähltes) [c]).

ספר יצירה:

פרק א׳ משנה א׳:

בשלשים ושתים נתיבות פליאות חכמה חקק יה יהוה צבאות אלהי ישראל אלהים חיים ומלך עולם אל רחום וחנון רם ונשא שוכן עד מרום וקדוש שמו בשלשה ספרים בספר וספר וסיפור:

2. Abschnitt.

Zehn Zahlen [d]) ohne was [e]), zweyundzwanzig Buchstaben des Grundes, drey Mütter, und sieben doppelte, und zwölf einfache [f]).

משנה ב׳:

עשר ספירות בלימה עשרים ושתים אותיות יסוד שלש אמות ושבע כפולות ושתים עשרה פשוטות:

3. Abschnitt.

Zehn Zahlen ohne was, die Zahl von zehn Fingern, fünf gegenüber fünfen, und der Bund des Einigen [g]) bestellet in der Mitte, durch das Wort der Zunge, und durch das Wort der Blöße [h]).

משנה ג׳:

עשר ספירות בלימה מספר עשר אצבעות חמש כנגד חמש וברית יחיד מכוונת באמצע במלת לשון ובמלת המעור:

משנה ד':

עשר ספירות בלימה עשר ולא תשע עשר ולא אחת עשרה הבן בחכמה וחכם בבינה בחון בהם וחקור מהם והעמד דבר על בוריו והשב יוצר על מכונו:

4. Abschnitt.

Zehn Zahlen ohne was, zehn und nicht neun, zehn und nicht elf; verstehe mit Weisheit, und sey weise mit Verstand; prüfe in ihnen, und forsche aus ihnen, und stelle das Ding in seine Reinheit [i]), und bringe wieder den Bildner [k]) auf seine Stätte.

משנה ה':

עשר ספירות בלימה מדתן עשר שאין להם סוף עומק ראשית ועומק אחרית עומק טוב ועומק רע עומק רום ועומק תחת עומק מזרח ועומק מערב עומק צפון ועומק דרום אדון יחיד אל מלך נאמן מושל בכולם ממעון קדשו ועד עדי עד:

5. Abschnitt.

Zehn Zahlen ohne was, ihre Maaße [l]) zehn, deren keine Grenze [m]) ist; Tiefe des Anfangs, und Tiefe des Endes [n]); Tiefe des Guten, und Tiefe des Bösen [o]); Tiefe der Höhe, und Tiefe drunten; Tiefe des Aufgangs, und Tiefe des Niedergangs; Tiefe der Mitternacht, und Tiefe des Mittags; ein einiger Herr, Gott [p]), ein beständiger [q]) König, herrscht über sie alle, aus seiner heiligen Wohnung, und bis in die ewigen Ewigkeiten.

משנה ו':

עשר ספירות בלימה צפייתן כמראה הבזק ותכליתן אין להן קץ דברו בהן ברצוא ושוב ולמאמרו כסופה ירדפו ולפני כסאו הם משתחוים:

6. Abschnitt.

Zehn Zahlen ohne was, ihr Ansehn wie der Schein des Blitzes [r]), und ihr Ziel [s]) daß sie kein Ende haben, sein Wort in ihnen mit Laufen hin und her, und auf seine Rede jagen sie wie ein Sturmwind, und vor seinem Throne beten sie an.

משנה ז':

עשר ספירות בלימה נעוץ סופן בתחילתן כשלהבת קשורה בגחלת שאדון יחיד ואין לו שני ולפני אחד מה אתה סופר:

7. Abschnitt.

Zehn Zahlen ohne was; füge ihr Ende zu ihrem Anfang, wie eine Flamme verbunden mit der Kohle. Denn der Herr ist einig und hat keinen Zweyten, und vor dem Eins was zählest du?

משנה ח':

עשר ספירות בלימה בלום פיך מלדבר ולבך מלהרהר ואם רץ לבך שוב למקום שלכך נאמר רצוא ושוב ועל דבר זה נכרת ברית:

8. Abschnitt.

Zehn Zahlen ohne was; verschleuß deinen Mund, daß er nicht rede, und dein Herz, daß es nicht denke, und so dein Herz entläuft, kehre wieder zur Stelle; denn darum heißt es [t]): laufend hin und her; und um deßwillen [u]) ist der Bund gemacht.

9. und 10. Abschnitt *).

Zehn Zahlen ohne was; Eins [w]): der Geist des lebendigen Gottes, gebenedeyet und abermal gebenedeyet sey sein Name! der da lebet in die Ewigkeiten; Stimme und Geist und Wort [x]), und dieß ist der heilige Geist.

Zwey: Geist aus Geist; er zeichnete und hieb damit [y]) zweyundzwanzig Buchstaben des Grundes [z]), drey Mütter, und sieben Doppelte, und zwölf Einfache, und Ein Geist aus ihnen [a]). Drey: Wasser aus Geist; er zeichnete und hieb mit ihnen [b]) das Wüst und Leer, Schlamm und Thon, zeichnete sie nach Art eines Beets, hieb sie nach Art einer Mauer, deckte sie nach Art eines Pflasters. Vier: Feuer aus Wasser; er zeichnete und hieb damit den Thron der Herrlichkeit, und die Räder, und die Seraphim, und die heiligen Thiere, und die dienstbaren Engel [c]); und aus ihnen dreyen [d]) gründete er seine Wohnung; wie gesagt ist [e]): Er macht seine Engel Geister [f]), und seine Diener Feuerflammen.

משנה ט׳ י׳:

עשר ספירות בלימה אחת רוח אלהים חיים ברוך ומבורך שמו של חי העולמים קול ורוח ודבור וזה רוח הקדוש:

שתים רוח מרוח חקק וחצב בה עשרים ושתים אותיות יסוד שלש אמות ושבעה כפולות ושנים עשר פשוטות ורוח אחת מהן שלש מים מרוח חקק וחצב בהן תהו ובהו רפש וטיט חקקן כמין ערוגה חציבן כמין חומה סככם כמין מעזיבה ארבע אש ממים חקק וחצב בה כסא הכבוד ואופנים ושרפים וחיות הקדש ומלאכי השרת ומשלשתן יסד מעונו שנאמר עשה מלאכיו רוחות משרתיו אש לוהט:

11. Abschnitt.

Fünf: drey Buchstaben aus den einfachen; er siegelte Geist auf die drey, und heftete sie in seinen großen Namen: יהו [g]); und versiegelte mit ihnen sechs Enden: wandte sich aufwärts und versiegelte es [h]) mit יהו. Sechs: er versiegelte drunten, wandte sich abwärts und versiegelte es mit יוה. Sieben: er versiegelte den Aufgang, wandte sich vorwärts und versiegelte ihn mit היו. Acht: er versiegelte den Niedergang, wandte sich rückwärts und versiegelte ihn mit הוי. Neun: er versiegelte den Mittag, und wandte sich zu seiner Rechten, und versiegelte ihn mit ויה. Zehn: er versiegelte die Mitternacht, und wandte sich zu seiner Linken, und versiegelte sie mit והי.

משנה יא:

חמש שלש אותיות מן הפשוטות חתם רוח בער שלש וקבען בשמו הגדול יהו וחתם בהם שש קצוות פנה למעלה וחתמו ביהו שש חתם תחת פנה למטה וחותמו ביוה שבע חתם מזרח פנה לפניו וחתמו בהיו שמנה חתם מערב פנה לאחריו וחתמו בהוי תשע חתם דרום ופנה לימינו וחתמו בויה עשר חתם צפון ופנה לשמאלו וחתמו בוהי:

12. Abschnitt.

Das sind zehn Zahlen ohne was: Ein Geist des lebendigen Gottes, und Geist, Wasser und Feuer, und Höhe droben und drunten, Aufgang und Niedergang, Mitternacht und Mittag [i]).

משנה יב׳:

אלו עשר ספירות בלימה אחת רוח אלהים חיים ורוח מים ואש ורום מעלה ותחת מזרח ומערב צפון ודרום:

Ende des 1. Capitels.

סליק פרקא א׳:

2. Capitel. 1. Abschnitt.

Zweyundzwanzig Buchstaben des Grundes [k]), drey Mütter, sieben doppelte, und zwölf einfache; die drey Mütter אמש, ihr Grund die Schale [l]) der Reinheit [m]) und die Schale der Schuld, und die Zunge der Satzung [n]) schwankend [o]) zwischen beyden.

פרק שני משנה א׳:

עשרים ושתים אותיות יסוד שלש אמות שבע כפולות ושנים עשר פשוטות שלש אמות אמש יסודן כף זכות וכף חובה ולשון חק מכריע בינתיים:

2. Abschnitt.

Zweyundzwanzig Buchstaben; er zeichnete sie, hieb sie, wog sie, und wechselte sie, verschmelzte [p]) sie, bildete durch sie die Seele alles Gebildeten, und die Seele Alles das gebildet werden sollte.

משנה ב׳:

עשרים ושתים אותיות חקקן חצבן שקלן והמירן צרפן צר בהם נפש כל היצור ונפש כל העתיד לצור:

3. Abschnitt.

Zweyundzwanzig Buchstaben des Grundes [q]), gezeichnet in die [r]) Stimme, gehauen in den [s]) Geist, geheftet in den Mund an fünf Orte: אחהע, בומף, גיכק, דטלנת, זסשרץ [t]).

משנה ג׳:

עשרים ושתים אותיות יסוד חקוקות בקול חצובות ברוח קבועות בפה בחמש מקומות אחהע בומף גיכק דטלנת זסשרץ

4. Abschnitt.

Zweyundzwanzig Buchstaben des Grundes, geheftet im Kreis [u]) an 231 Pforten [v]), und es drehet sich der Kreis vorwärts und rückwärts; und dieß ist deß Zeichen: im Guten nichts über ענג, und im Bösen nichts unter נגע [w]). Solchergestalt [x]) wog er sie und wechselte sie: א mit ihnen allen und sie alle mit א, ב mit ihnen allen und sie alle mit ב; und es dreht sich die Wende [y]); so findet sich, daß alles Gebildete und alles Gesprochene hervorgeht durch Einen Namen [z]).

משנה ד׳:

עשרים ושתים אותיות יסוד קבועות בגלגל ברלא שערים וחוזר הגלגל פנים ואחור וזהו סימן לדבר אין בטובה למעלה מענג ואין ברעה למטה מנגע: כיצד שקלן והמירן אלף עם כולם וכולם עם אלף בית עם כולם וכולם עם בית וחוזרת חלילה נמצא כל היצור וכל הדבור יוצא בשם אחד:

5. Abschnitt.

Er bildete aus dem Leeren das Feste [a]), und machte das Nichts zum Seyn, und hieb große Säulen aus Luft [b]), so nicht zu greifen ist; und dieß ist das Zeichen: schauend und redend [c]) machte er alles Gebilde und alle Worte [d]) durch Einen Namen; und deß Zeichen sind ihre zweyundzwanzig Zahlen und Ein Leib.

Ende des 2. Capitels.

משנה ה׳:

יצר מתוהו ממש ועשה אינו ישנו וחצב עמודים גדולים מאויר שאינו נתפש וזה סימן צופה וממר עושה כל היצור ואת כל הדברים בשם אחד וסימן לדבר עשרים ושתים מניינם וגוף אחד:

סליק פרקא תניינא

3. Capitel. 1. Abschnitt.

Drey Mütter אמש, ihr Grund die Schale der Schuld und die Schale der Reinheit, und die Zunge der Satzung schwankend zwischen beyden [e]).

פרק ג׳ משנה א׳:

שלש אמות אמש יסודן כף חובה וכף זכות ולשון חק מכריע בנתיים:

2. Abschnitt.

Drey Mütter אמש, ein großes Geheimniß, wunderbar und verborgen, und versiegelt mit sechs Ringen [f]); und daraus gehen hervor Feuer und Wasser [g]), und theilen sich in Mann und Weib [h]). Drey Mütter, אמש ihr Grund [i]), und aus ihnen sind geboren die Väter [k]), aus denen erschaffen ist das All.

משנה ב׳:

שלש אמות אמש סוד גדול מופלא ומכוסה וחותם בשש טבעות וממנו יוצאים אש ומים ומתחלקים זכר ונקבה שלש אמות אמש יסודן ומהן נולדו אבות שמהם נברא הכל:

3. Abschnitt.

Drey Mütter אמש in der Welt [l]): Luft, Wasser, Feuer; die Himmel sind geschaffen anfangs aus Feuer, und die Erde ist geschaffen aus Wasser, und die Luft schwankt [m]) zwischen dem Feuer und dem Wasser.

משנה ג׳:

שלש אמות אמש בעולם אויר מים אש שמים נבראו תחלה מאש וארץ נבראת ממים והאויר מכריע בין האש ובין המים:

4. Abschnitt.

Drey Mütter אמש im Jahr: Feuer, und Wasser, und Geist. Die Wärme ist geschaffen aus Feuer, die Kälte aus Wasser, und das Gemäßigte [n]) aus Geist, so zwischen beyden schwankt. Drey Mütter אמש in der Seele [o]): Feuer, Wasser und Geist. Das

משנה ד׳:

שלש אמות אמש בשנה אש ומים ורוח חום נברא מאש קור ממים ורויה מרוח מכריע בנתים: שלש אמות אמש בנפש אש מים ורוח ראש נברא

Haupt ist geschaffen aus Feuer, und der Bauch ist geschaffen aus Wasser, und der Leib ist geschaffen aus Geist [p]), so zwischen beyden schwankt.

מאש ובטן נברא ממים וגויה נברא מרוח מכריע בינתים:

5. Abschnitt.

Drey Mütter אמש; er zeichnete sie, und hieb sie, und verschmelzte sie, und versiegelte mit ihnen die drey Mütter in der Welt, und die drey Mütter im Jahr, und die drey Mütter in der Seele, Mann und Weib.

Er machte zum König den Buchstaben א im Geist, und band ihm die Krone um, und verschmelzte sie Eins mit dem Andern [q]), und versiegelte mit ihnen die Luft in der Welt, das Leben im Odem [r]), und den Leib in der Seele [s]), den Mann [t]) mit אמש, und das Weib [t]) mit אשם. Er machte zum König das מ im Wasser, und band ihm die Krone um, verschmelzte sie Eins mit dem Andern, und versiegelte die Erde in der Welt, und die Kälte im Jahr, und den Bauch in der Seele, Mann und Weib, den Mann mit מאש, und das Weib mit משא. Er machte zum König das ש im Feuer, und band ihm die Krone um, und verschmelzte sie Eins mit dem Andern, und versiegelte mit ihm die Himmel in der obern Welt, und die Wärme im Jahr, das Haupt in der Seele, Mann und Weib [u]).

Ende des Capitels.

משנה ה׳:

שלש אמות אמש חקקן וחצבן וצרפן וחתם בהן שלש אמות בעולם ושלש אמות בשנה ושלש אמות בנפש זכר ונקבה:

המליך אות אלף ברוח וקשר לו כתר וצרפן זה עם זה וחתם בהן אויר בעולם חיה בנשמה וגויה בנפש זכר באמש ונקבה באשם: המליך מם במים וקשר לו כתר צרפן זה עם זה וחתם ארץ בעולם וקור בשנה ובטן בנפש זכר ונקבה זכר במאש ונקבה במשא: המליך שין באש וקשר לו כתר וצרפן זו עם זו וחתם בו שמים בעולם העליון וחום בשנה ראש בנפש זכר ונקבה:

סליק פרקא:

4. Capitel. 1. Abschnitt.

Sieben Doppelte: בגד כפרת, gewöhnt an zwo Zungen; Leben, und Friede, und Weisheit, und Reichthum, Gnade, und Same, und Herrschaft [v]); und sind gewöhnt an zwo Zungen, בב׳, גג׳, דד׳, ככ׳, פפ, רר׳, תת׳, nach Gestalt des Weichen und Harten, nach Gestalt des Starken und Schwachen. Doppelte, weil sie Wechselungen sind: der Wech-

פרק ד׳ משנה א׳:

שבע כפולות בגד כפרת מתנהגות בשתי לשונות חיים ושלום וחכמה ועושר חן וזרע וממשלה ומתנהגות בשתי לשונות בב׳ גג׳ דד׳ כך׳ פפ׳ רר׳ תת׳ תבנית רך וקשה תבנית גבור וחלש כפולות שהן תמורות

תמורת חיים מות תמורת שלום רע תמורת חכמה אולת תמורת עושר עוני תמורת חן כיעור תמורת זרע שממה תמורת ממשלה עברות:

sel des Lebens ist der Tod, der Wechsel des Friedens das Uebel, der Wechsel der Weisheit die Thorheit, der Wechsel des Reichthums die Armuth, der Wechsel der Gnade die Häßlichkeit [w]), der Wechsel des Samens die Verwüstung [x]), der Wechsel der Herrschaft die Knechtschaft [y]).

משנה ב׳:

שבע כפולות בגד כפרת כנגד שבע קצוות מהן שש קצוות מעלה ומטה מזרח ומערב צפון ודרום והיכל הקדש באמצע והוא נושא את כולן:

2. Abschnitt.

Sieben Doppelte בגד כפרת gegen sieben Enden; von ihnen sechs Enden: oben und unten, Aufgang und Niedergang, Mitternacht und Mittag; und der Palast des Heiligthums [z]) in der Mitte, und er trägt sie alle.

משנה ג׳:

שבע כפולות בגד כפרת חקקן חצבן צרפן וצר בהם כוכבים בעולם וימים בשנה ושערים בנפש ומהן חקק שבעה רקיעים ושבע ארצות ושבע שבתות לפיכך חובב שביעי תחת כל השמים:

3. Abschnitt.

Sieben Doppelte בגד כפרת; er zeichnete sie, und hieb sie, und verschmelzte sie, und bildete mit ihnen die Sterne [a]) in der Welt, und die Tage im Jahr, und die Pforten in der Seele; und aus ihnen zeichnete er sieben Vesten [b]), und sieben Erden [c]), und sieben Sabbathe [d]); derhalben er liebet das Siebente unter allen Himmeln.

משנה ד׳:

שתי אותיות בונות שתי בתים שלשה בונות ששה בתים ארבעה בונות ארבע ועשרים בתים חמש בונות מאה ועשרים בתים שש בונות שבע מאות ועשרים בתים מכאן ואילך צא וחשוב מה שאין הפה יכולה לדבר ואין האוזן יכולה לשמוע: ואלו הן כוכבים בעולם שבעה חמה נוגה כוכב לבנה שבתאי צדק מאדים ואלו הן ימים בשנה שבעה ימי בראשית ושבעה שערים בנפש שתי עינים שתי אזנים והפה

4. Abschnitt.

Zween Buchstaben bauen zwey Häuser, drey bauen sechs Häuser, vier bauen vierundzwanzig Häuser, fünf bauen hundert und zwanzig Häuser, sechs bauen siebenhundert und zwanzig Häuser [e]); und von dannen und weiter geh aus, und denke was der Mund nicht reden und das Ohr nicht hören kann [f]). Und dieß sind die sieben Sterne in der Welt: Sonne, Venus, Merkur, Mond, Saturn, Jupiter, Mars [g]). Und dieß sind die Tage im Jahr: die sieben Tage der Schöpfung [h]). Und die sieben Pforten in der Seele: zwey Augen, zwey Ohren, und der Mund, und

ושני נקבי האף ובהן נחקקו שבעה רקיעים ושבע ארצות ושבע שעות לפיכך חבב שביעי לכל חפץ תחת השמים:

סליק פרקא:

zwey Nasenlöcher. Und mit ihnen [l] sind gezeichnet die sieben Vesten, und die sieben Erden, und die sieben Stunden [k]; derhalben er lieb hat das Siebente in allem Vornehmen unter dem Himmel.

Ende des Capitels.

פרק ה' משנה א':

מדתן שתים עשרה פשוטות הוז חטי לן סע צק יסודן ראייה שמיעה ריחה שיחה לעיטה תשמיש מעשה הלוך רגז שחוק הרהור שינה מדתן שתים עשרה גבולים באלכסונין גבול מזרחית צפונית גבול מזרחית דרומית גבול מזרחית רומית גבול מזרחית תחתית גבול צפונית רומית גבול צפונית תחתית גבול מערבית דרומית גבול מערבית צפונית גבול מערבית רומית גבול מערבית תחתית גבול דרומית רומית גבול דרומית תחתית ומרחיבין והולכין עד עדי עד והם זרועות עולם:

5. Capitel. 1. Abschnitt.

Die Maaße [l] der zwölf Einfachen הוז חטי לן סע צק; ihr Grund Gesicht, Gehör, Geruch, Reden, Essen, Beyschlaf [m], Arbeit, Wandeln, Zorn, Lachen, Nachdenken, Schlaf. Ihre Maaße zwölf Grenzen an den Durchmessern [n]: die Grenze Nordost, die Grenze Südost, die Grenze Osten oben, die Grenze Osten unten, die Grenze Norden oben, die Grenze Norden unten, die Grenze Südwest, die Grenze Nordwest, die Grenze Westen oben, die Grenze Westen unten, die Grenze Süden oben, die Grenze Süden unten. Und sie dehnen sich aus und gehen fort bis in die ewigen Ewigkeiten [o], und sind die Arme der Welt.

משנה ב':

שתים עשרה פשוטות הוז חטי לן סע צק חקקן וצרפן וצר בהם שנים עשר מזלות בעולם סימן טשת מאב סעק גדר ואלו הן שנים עשר חדשים בשנה ניסן אייר סיון תמוז אב אלול תשרי מרחשון כסלו טבת שבט אדר ואלו הן שנים עשר מנהיגין בנפש שתי ידים ושתי רגלים שתי כליות טחול כבד מרה מסס קיבה קרקבן עשאן כמין מדינה וערכן כמין מלחמה וגם את זה לעומת זה עשה האלהים: שלש

2. Abschnitt.

Zwölf Einfache הוז חטי לן סע צק, er zeichnete sie, und verschmelzte sie, und bildete mit ihnen die zwölf Gestirne in der Welt [p]; das Zeichen [q]: טשת מאב סעק גדר [r]. Und dieß sind die zwölf Monde im Jahr [s]: Nisan, Ijar, Sivan, Thamuz, Abh, Elul, Tisri, Marchesvan, Chislev, Tebeth, Schebat, Adar. Und dieß sind die zwölf Anführer in der Seele: zwo Hände, zween Füße, zwo Nieren, Milz, Leber, Galle, .·. Magen .. [t]. Er machte sie nach Art einer Landschaft [u], und rüstete [v] sie nach Art eines Kriegs, und auch Eins gegen das Andre machte Gott. Drey Mütter, welche sind drey Väter, von denen ausgeht Feuer und Geist und Wasser. Drey Mütter, und sieben Doppelte, und zwölf Einfache.

אמות שהם שלשה אבות שמהם יצא אש ורוח ומים׃ שלש אמות ושבע כפולות ושנים עשר פשוטות׃

3. Abschnitt.

Dieß sind die zweyundzwanzig Buchstaben, womit gegründet hat der Heilige, gebenedeyt sey er! Jah Jehovah Zebaoth, der lebendige Gott, der Gott Israels, hoch und erhaben, der da ewig wohnet, und deß Name heilig ist, erhöhet und heilig ist er [w]).

Ende des Capitels.

משנה ג׳׃

אלו כב אותיות שבהם יסר הקבה יה יהוה צבאות אלהים חיים אלהי ישראל רם ונשא שוכן עד וקרש שמו מרום וקרוש הוא׃

סליק פרקא׃

6. Capitel. 1. Abschnitt.

Drey Väter und ihre Geschlechter, und sieben Zwinger und ihre Heere [x]), und zwölf Grenzen der Durchmesser [y]). Und der Beweis der Sache [z]): treue Zeugen sind die Welt, das Jahr, die Seele. Die Satzung der Zwölf und der Sieben und der Drey, und ihr Amt [a]) über den Drachen [b]), und den Kreis, und das Herz. Drey: Feuer und Wasser und Geist; das Feuer oben, das Wasser unten, und der Geist der Satzung schwankend zwischen beyden. Und das Zeichen der Sache: das Feuer trägt das Wasser, מ schweigt, ש zischt, das א der Satzung schwankt zwischen beyden.

פרק ו׳ משנה א׳׃

שלשה אבות ותולדותיהן ושבעה כובשין וצבאותיהן ושנים עשר גבולי אלכסונין וראיה לדבר עדים נאמנים עולם שנה נפש חק שנים עשר ושבעה ושלשה ופקידן בתלי וגלגל ולב שלשה אש ומים ורוח אש למעלה מים למטה ורוח חק מכריע בנתים וסימן לדבר האש נושא את המים מם רוממת שין שורקת אלף חוק מכריע בנתים׃

2. Abschnitt.

Der Drache in der Welt ist wie ein König auf seinem Thron; der Kreis im Jahr wie ein König in der Landschaft [c]); das Herz in der Seele wie ein König im Krieg [d]). Auch hat in allem Geschäfte Gott Eins gegen das Andre gemacht: Gutes gegen Böses; Gutes aus Gutem, Böses aus Bösem; das Gute prüft das Böse, und das Böse prüft das Gute; Gutes ist behalten den Guten, und Böses ist behalten den Bösen.

משנה ב׳׃

תלי בעולם כמלך על כסאו גלגל בשנה כמלך במדינה לב בנפש כמלך במלחמה גם את כל חפץ זה לעומת זה עשה אלהים טוב לעומת רע טוב מטוב ורע מרע הטוב מבחין את הרע והרע מבחין את הטוב טובה שמורה לטובים ורעה שמורה לרעים׃

3. Abschnitt.

Drey sind Eins, das stehe allein [e]); Sieben sind getheilt, Drey gegenüber von Dreyen, und die Satzung schwankt zwischen ihnen [f]). Zwölf stehen im Krieg: drey Freunde, drey Feinde; drey machen lebendig, drey tödten. Die drey Freunde sind das Herz, und die Ohren, und der Mund; die drey Feinde die Leber, die Galle und die Zunge; und Gott ein beständiger König herrscht über sie Alle: Einer über Drey [g]), Drey über Sieben, Sieben über Zwölf, und sie Alle hängen zusammen Eins mit dem Andern.

4. Abschnitt.

Und nachdem Abraham unser Vater [h]) geschauet hatte, und betrachtet und gesehen, und gezeichnet und gehauen, und es erlangt hatte: offenbarte sich ihm der Herr des Alls, und nannte ihn seinen Freund [i]), und ward ein Bund gemacht mit ihm und seinem Samen; und er glaubte an den Herrn, und ward ihm zur Gerechtigkeit gerechnet. Er machte mit ihm einen Bund zwischen den zehn Zehen seiner Füße, und das ist die Beschneidung, und zwischen den zehn Fingern seiner Hände, und das ist die Zunge; und band die zweyundzwanzig Buchstaben an seine Zunge, und entdeckte ihm ihren Grund [k]). Er zog sie [l]) mit Wasser, zündete sie an mit Feuer, erregte sie mit Geist, verbrannte sie mit Sieben, goß sie aus mit den zwölf Gestirnen [m]).

Ende des Capitels und des Buchs Jezira.

משנה ג׳:

שלש אחד לבדו עומד שבעה חלוקין שלשה מול שלשה וחק מכריע בנתים שנים עשר עומדים במלחמה שלשה אוהבים שלשה שונאים שלשה מחיים שלשה ממיתים שלשה אוהבים הלב והאזנים והפה שלשה שונאים הכבד המרה והלשון ואל מלך נאמן מושל בכולן אחד על גבי שלשה שלשה על גבי שבעה שבעה על גבי שנים עשר וכולן ארוקין זה בזה:

משנה ד׳:

וכיון שצפה אברהם אבינו והביט וראה וחקק וחצב עלתה בידו נגלה עליו ארון הכל וקראו אוהבו וכרת ברית לו ולזרעו והאמין בה׳ ויחשבה לו צדקה כרת לו ברית בין עשר אצבעות רגליו והיא המילה ובין עשר אצבעות ידיו והיא הלשון וקשר עשרים ושתים אותיות בלשונו וגלה לו את יסודן משכן במים דלקן באש רעשן ברוח בערן בשבע נתכן בשנים עשר מזלות:

סליק פרקא וסליק ספר יצירה:

Anmerkungen.

Zu den 32 Wegen.

1. Weg. a) Auch: verborgene, od. wunderbare.

b) Dieß ist die oberste aller Sephiren. Ueber sie und die zehn Sephiroth überhaupt ist die bereits angeführte Abhandlung in der 4. Sammlung der Blätter für höhere Wahrheit nachzusehen. In den drey ersten Wegen oder Sephiren wird man die drey Hypostasen der Gottheit nicht verkennen.

c) Od. das Licht des ursprünglichen Verständnisses, auch: ursprüngliche verständliche Licht. Rittangel nimmt ל activ: lumen dans intelligere primordialitatem.

d) Den Ausdruck עמד על erklärt Rittangel S. 52: Non posse stare super aliqua re, Hebraeis est rem assequi non posse.

2. Weg. e) Ritt. quae super omne caput est exaltata, als läse er: לכל ראש oder לכל הראש.

3. Weg. f) Eigentlich: Weisheit des Ursprungs, Anfangs; קדומה scheint ein Substantivum zu seyn, sonst קדימה, prioritas, die Vorwelt u. s. w. Vg. den Plural קדומים Richt. 5, 21. Außerdem wäre es Pahul: die erstgemachte, erstgeborene, oder (kiddumah) orientalis. S. ferner zun 27. und 32. Weg.

g) Auch: Glaube. Wie Ritt. in Uebereinstimmung mit R. Abraham b. D. die Worte א״א gegen ihre Stellung artifex fidei übersetzen kann, ist um so weniger zu begreifen, da sie aus Jesaj. 25, 1 genommen sind, wo sie fidelitas (et) firmitas, i. e. firmissima fides bedeuten.

4. Weg. h) Auch: befestigte, festgestellte, gleichsam grundsätzliche. Die Rabbinen gebrauchen das Wort קבע insgemein für figere, affigere, infigere, constituere, determinare. Im Hebräischen ist die Bedeutung bedecken, betrügen, rauben vorherrschend, daher קובע Helm, als Kopfbedeckung. Ritt. gibts: intelligentia metalis seu receptacularis, also der zielartige (kegelförmig heißt eigentlich das Lateinische Wort) oder der behältnißartige (behaltene, behaltende) Verstand, und übersetzt das Folgende: et vocatur ita eo quod in eam tanquam metam ex superioribus Intelligentiis delatae, ab ea emanant omnes virtutes spirituales. R. Abraham versteht: quia omnes virtutes in eam collectae sunt et sicut in seminario quodam plantatae, wie es Rittangel vertirt; allein R. Abr. sagt: וכמסמרות נטועים, welches sowohl heißen kann: in Behälter (Bewahrungsorte) gepflanzt, als mit Nägeln geheftet, oder vielmehr: wie eingeschlagene Nägel, genommen aus Pred. S. 12, 11, wo das erste Wort nur reinhebräisch mit ש anstatt ס geschrieben ist. Dieses und obiges Beyspiel kann zeigen, wie nöthig eine vollständige Bibelkunde für den Leser der spätern Hebräischen oder rabbinischen Schriften ist. Wollte man jedoch קבוע für נטוע nehmen, der gepflanzte Verstand, weil der 5. Weg der gewurzelte heißt, so wäre es möglich, gleichsam als die Pflanze oder der Stamm des Sephirenbaums. רבוע zu lesen, möchte eine zu sinnreiche Conjectur seyn.

i) And. durch die.

5. Weg. k) Intelligenz, Verstand, Erkenntniß, dritte Sephire.
l) Beschluß, Innern.
m) Weisheit, zweyte Sephire.

6. Weg. n) Auch: Fülle, Ueberfluß. Ritt. nicht getreu: influentiae mediantis.

7. Weg. o) Od. Betrachtung (Nachdenken) der Wahrheiten.

8. Weg. p) Ursprüngliche Einrichtung, Festsetzung.
q) Geheimen Quellen oder dem Innern der Größe, der vierten Sephire.

9. Weg. r) Sephiren.
s) Auch: prüfet und poliret.
t) Auch: ebnet, ordnet.

10. Weg. u) Ritt. exaltata est super omne caput, so daß im Texte fehlen würde לכל ראש.
v) Auch: erleuchtet den Glanz.
w) Den Engel Metatron, s. Blätter für höh. Wahrh. 4. Samml. S. 186 ff. Es kann hier hinzugefügt werden, daß wenn die dort angegebene Etymologie seines Namens irrig seyn sollte, dieser am wahrscheinlichsten aus Mediator entstanden ist (meitator mit der Nachschlagsylbe).

11. Weg. x) יחוס heißt eigentlich Geschlecht, Sippschaft (Hebr. יחש, jenes ist Chaldäische Schreibart); daher Adel, Würde; sonst auch in der philosophischen Sprache schlechthin Attribut, Proportion.

12. Weg. y) Ritt. übersetzt: Intelligentia claritatis; der Sinn ist gleich, בהיר aber insgemein Adjectivum, sowohl im Hebr. als Chald. und Rabbinischen, obgleich beyde Wortarten einander vertreten. ספר בהיר, liber illustris oder claritatis, heißt eins der ältesten kabalistischen Bücher.
z) Dieses Wort bedeutet bey den Rabbinen sonst auch Art, Form, deßgleichen Kreis; man hat hier absichtlich die gemeine Bedeutung beybehalten.
a) Vision, Anschauung.

13. Weg. b) Kann so viel heißen als die wahrhaftige Vollendung, Ausgleichung; lies taschlum, substantivisch, vg. den 30. Weg.

14. Weg. c) Intransitiv oder transitiv, scheinende oder erhellende, aufklärende.
d) Hesek. 1, 4.

15. Weg. e) Auch: feststellende, aufrichtende.
f) Materie.
g) Philosophen.
h) Hiob 38, 9.

16. Weg. i) Auch: siegreiche, dauerhafte.

17. Weg. k) Auch: empfindende, Gefühlsverstand (ästhetische). הרגש (hergesch, mit zwey Sägol) heißt sensus, vom Hiphil הרגיש, sentire, animadvertere. Man weiß daher nicht wie Rittangel gegen diesen rabbinischen Sprachgebrauch dazu kommt, intelligentia dispositiva zu übersetzen, anstatt sensitiva, und zwar mehrmals.
l) מכון, eine ungewöhnliche active Form, da es der Verbindung nach nicht Part. Hophal (muchan) seyn kann, wie am Ende des 16. Wegs; scheint verschrieben oder verdruckt für das Chald. מכון (m'caven). Vg. jedoch zum 27. u. 32. Weg.
m) Schönheit, die sechste Sephire.
n) Also der himmlischen Schönheit.

18. Weg. o) Der Verstand worin der Ueberfluß wohnt.
p) Geheimnissen. Es scheint חקירותיו gelesen werden zu müssen, obgleich Ritt. hat: de medio scrutationis, als sey es ein Subst. sing. in ות.

19. Weg. q) Ritt. Segen, de benedictione altissima, weniger kabalistisch, s. Blätter für höh. Wahrh. 4. Samml. S. 261.

20. Weg. r) Auch: Willens, Gnade.

s) Auch: Geformten, Gebildeten.

21. Weg. t) Od. des gesuchten Wunsches, Kleinods.

u) Göttlichen Ueberfluß.

v) Od. um sie auszuströmen aus seinem oder ihrem Teich; welches nach Anm. q wahrscheinlicher wäre.

22. Weg. w) Auch: treue, beständige.

23. Weg. x) Sephiren.

26. Weg. y) Gott.

z) Od. erneuert wird in der ewigen Schöpfung, Schöpfung der Ewigkeit.

27. Weg. a) Nach Rittangel: erregende Verstand, Verstand der Erregung; die Wurzel רגש hätte also hier eine andere Bedeutung als beim 17. Weg, welche auch die Hebräische ist; und מורגש könnte substantivisch (murgasch) gelesen werden, oder auch als Part. Hophal, vg. מורכב und מוגשם im 28. u. 29. Weg. Denn die passiven Participien sind in dieser Schrift öfter in der Bedeutung gesetzt: ad agendum factus est. Insgemein heißt aber מורגש (murgasch) bey den Rabbinen sinnlich oder empfindlich, sensitivum, sensibile, sensu praeditum, quod sub sensum cadit, quod sensu percipitur, s. Burtorf.

b) Gegensatz im folgenden Wege.

c) Nach Ritt. ihre Erregung, concitatio sive motus eorum; also singularisch; allein es ist vielmehr Plural von הרגשת. S. ebenfalls Burtorf.

30. Weg. d) Auch: gesammelte, Sammlungs-Verstand, der zusammenfassende oder umfassende, universale.

e) Astrologen; der Hebr. Ausdruck ist aus Jesaj. 47, 13.

f) Planeten und Fixsterne.

g) Kreisen oder Arten, Verhältnissen.

32. Weg. h) Wörtlich: der zu dienen oder zu wirken gemachte. Im Hebräischen der Bibel hat das Niphal diese ins Activum übergehende Bedeutung nie, sondern heißt bedient, verehrt, gearbeitet werden; wohl aber das Hophal, ähnlich unserm Wort **Bedienter** für **Bediensteter**. Daß die passiven Participien active Bedeutung zulassen, ist bekannt; vg. Gesenius Hebr. Gramm. S. 54. Vielleicht hat deren schon vorhin bemerkter häufiger Gebrauch bey unserm Schriftsteller einen mystischen Sinn. Einigemal haben wir als Poel gelesen, was eben sowohl Pual seyn kann; so im 3. Weg מקדיש, und im gegenwärtigen מתוקן. Die Wurzel עבד bedeutet übrigens im Hebr. vorzugsweise **dienen**, im Chald. **arbeiten**, **wirken**, **thun**, **machen**. Rittangel: Intelligentia adminicularis, wovon sogleich.

i) Auch: Dienst, Arbeit, Geschäfte.

k) Diese letzte Stelle hat darum Schwierigkeit, weil in dem nicht ganz reinen Druck bey Rittangel das vorletzte Wort undeutlich ist, ob es nämlich לכת oder לבת heißen soll; allein offenbar ist erstere Lesart die richtige: כוכבי לכת (cocase' lecheth) heißen die Wandersterne, כוכבי שבת (c. schebeth) die Fixsterne. Ferner kann חבל hier kaum etwas Anderes bedeuten als **Haufe**, Reihenfolge, Verbindung, Kette; denn es ist von den dienenden Planetengeistern die Rede. Hinsichtlich ihrer könnte es auch לבת heißen, indem בת bey den Rabbinen vices, vice bedeutet, das Hebräische פעם, also: „nach dem Wechsel ihrer Schaar"; oder das Wort könnte כת mit vorgesetztem ל seyn: „nach dem Haufen ihrer Schaar" (zwey Synonyme, wie sich in der Hebr. Schreibart öfters beysammen finden), indem כת (kath) namentlich vom Heer der Engel gebraucht wird: כתי מלאכיא (kite' mal'achaja), turmae angelorum, s. Burtorf im Lex. Chald. Talm. et Rabb. Allein diese Vermuthungen sind nicht nöthig. Rittangel übersetzt auf keinen Fall genau: Vocatur Intelligentia adminicularis (also der helfende, ein Mittelbegriff aus der Hebräischen und Aramäischen Bedeutung von עבד); et vocatur ita, eo quod illa dirigit seu concurrit ad omnes operationes septem planetarum et ad partes eorum. Unter חבל versteht er, wie seine Version von R. Abraham noch deutlicher zeigt, funiculus dimensorius, Meßschnur. Ferner sieht er in dem Worte משמש ein Substantivum der Handlung; aber einfacher wird es für das Participium genommen, nämlich von dem passiven Hithpael השתמש usurpari ad servitium. Also sind המשתמשים die dienstbaren Astral- und hier besonders Planetengeister, aus den magischen Lehrsystemen bekannt; diese bilden eine Schaar, die ihren Dienst in einer gewissen Aufeinanderfolge (חבל) verrichtet. R. Abraham scheint im Ganzen unsern Sinn auszudrücken, ob sich gleich sein Commentar kürzer faßt als der Text; er sagt: הנתיב הל״ב נקרא שכל נעבד לחבל לעובד לכוכבים ולמזלות welches genau übersetzt heißt: Semita 32. vocatur intelligentia inserviens cohorti servienti stellis (planetis) et astris (fixis). Ritt. aber gibt es weitläufiger und sonderbar also: Semita 32. vocatur Intelligentia adminicularis; haec enim concurrens in subsidium ad operationes stellarum et signorum coelestium devincit sibi partes eorum quibus quasi funiculis dimensoriis dividuntur. Immerhin kann man auch לחבלם übersetzen: „nach ihrem Loos, nach ihrer Vertheilung“, wie es der biblische Sprachgebrauch mit sich bringt.

Zum Buch Jezira.

1. Cap. 1. Abschn. a) Signirte, d. i. formte, schuf. Das Wort heißt bekanntlich sonst auch: anordnen, festsetzen.

b) Die Worte der letzten Zeilen sind aus Jesaj. 57, 15. Auch: der da ewig wohnet in der Höhe, und deß Name heilig ist. Ritt. verbindet aber: „zeichnete seinen Namen“, exsculpsit nomen suum. Postellus hat: cujus nomen sanctum est, creavit mundum suum, und läßt בשלשה ספרים aus. Von Pistorius hernach.

c) Die eingeschlossene Uebersetzung der letzten Worte ist die Rittangel'sche: exsculpsit — nomen suum cum (instrumental) tribus Numerationibus: *Numero, Numerante* et *Numerato*. Demnach müßte gesprochen werden: bis'phar, v'saphar oder v'sopher (welches gleich ist), v'sipur. Allein man sieht sowohl aus den von Ritt. beygebrachten Rabbinenstellen als anderwärts, daß dieser Text nicht immer gleich verstanden worden. Post. hat umgekehrt: Numerans, Numerus, Numeratum. Der von Ritt. ausgezogene aber willkührlich übersetzte R. Meir von Tolitula sagt klar: „Die zweyte Sephire, nämlich die Weisheit, heißt im Buch Jezira ספר (sepher, Buch, Ritt. falsch numerus); gleichwie in einem geschriebenen Buch die Worte der Weisen und feine Gedanken (דקדוקים, subtilitates, Ritt. subtilitates grammaticales, denn dikduk heißt sonst auch die Grammatik), also gehen von dieser zweyten Sephire, welche die Weisheit (Chochma) heißt, 32 Wege aus, die das Fundament (auch Wurzel) sind von Allem — — Und die dritte Sephire Bina (Intelligenz) heißt im Buch Jezira ספר (Schreiber, Ritt. falsch numerans, s. das Folg.), und ist wie ein Schreiber (סופר, Gelehrter), welcher erklärt und ans Licht bringt die Verborgenheiten eines Buchs, also diese Sephire, welche Bina heißt, bringt in die Wirkung (Wirklichkeit) die Wege der Chochma (Weisheit) — — Die sieben übrigen Sephiren aber heißen im Buch Jezira ספור (saphur oder sipur, das Geschriebene oder die Erzählung, die Geschichte, enarratio, praedicatio, Ritt. numeratum)." Daher verstehen Andre unter ספרים nicht Zahlen sondern Bücher. Bey Pistorius heißt die ganze Stelle so: Triginta duabus viis scientiae maxime mirabilibus et occultis יה Deus צבאות sculpsit nomen suum. Creavit mundum tribus libris, videlicet: סְפָר, סֵפֶר, סִפּוּר: id est, *scriptis*, *numeratis*, *pronunciatis*. Die Abweichung ist in allem Betracht stark, und erregt Besorgniß gegen die Zuverlässigkeit des Textes. Indessen nehmen wir ihn wie er oben nach Rittangel steht, so läßt sich übersetzen: „durch (od. in) drey Bücher: durch Buch, und Buch, und Gebuchtes"; oder: „durch Buch, und Schreiber, und Geschriebenes"; oder: „durch Schreiber, und Buch, und Geschriebenes", od. Erzähltes; oder wie es oben nach Ritt. ausgedrückt ist; oder: „durch Zähler, und Zahl, und Gezähltes". Unter den drey S'pharim aber können mit R. Meir die 2te, 3te und die 7 übrigen Sephiren verstanden werden, oder auch die drey obersten Sephiren, indem die dritte die übrigen sieben in sich faßt oder deren nächste Quelle ist. Die Rabbinen verwechseln zuweilen die drey obersten Sephiren mit dem was noch über ihnen liegt (s. unsere Abhandl.). Und so wären drey S'pharim, nämlich der Saphar oder Sopher, der Schreiber, eben der, von dem es im höhern Sinne heißt חָקַק, und gleichsam dessen Nachschreiber die höchste Sephire, als sein Nachbild; sodann der Sepher, das von ihm geschriebene Buch, die zweyte Sephire, die Weisheit, als der Inbegriff oder die Substanz des Geschriebenen; und endlich das Sipur oder der Inhalt des Buchs, nämlich die dritte Sephire, welche die sieben übrigen im Schooße trägt. Hieran reiht sich nun der folgende Text bequem, und auf diese Weise wäre der Streit geschlichtet; man muß nur die S'pharim nicht schlechthin übersetzen wollen, sondern sie als eine Buchstabenhieroglyphe ansehn, die da zerfällt in Sopher, Sepher und Sipur ꝛc. Das Wort ספר kann auch beydes Mal gleich genommen werden: Buch und Buch, denn die zweyte Sephire ist das Abbild der ersten; und wenn man S c h r e i b e r und S c h r e i b e r versteht, so hat das ebenfalls seinen Sinn. Beyde Sephiren sind Bücher und sind Schreiber; die dritte ist das Geschriebene, und ist doch wieder ספר (Sepher), d. h. eins von den unübersetzten S'pharim; und ein Geschriebenes ist ja auch nichts als eine Schrift, ein Buch. Dieses Alles mag dunkel klingen, aber wer mit der Methode der Kabalisten und ihrer Worthieroglyphik bekannt ist, wird es fassen. Die oben in Klammern eingeschlossene Rittangel'sche Uebersetzung ist nicht die einzige statthafte; sein Text aber, der ihrer mehrere zuläßt, kann ganz gesund seyn.

1. C. 2. A. d) Sephiroth; so im Folgenden überall. Es sind die Zahlenmütter, Zahlenprincipien. Sie sind auch allzumal Gezählte (Part. Pehil), sofern die eigentlichen Zähler, deren Repräsentanten sie sind (Än-soph, Adam kadmon und der Geist der Sephiren), höher liegen als sie.

e) Dieses b'limah, welches Nicht-was, Ohne-was, Nichts bedeutet, gibt Rittangel richtig: praeter illud Ineffabile; auch schon bey Pistorius heißt es: praeter id quod est ineffabile. Postellus hat nicht so gut: Sunt 10 Sephiroth Belimah, h. e. Silentii, et sine quopiam adjuncto. Es ist das אין (Nichts), welches zugleich das wahre יש (Etwas), das Wesen der Wesen ist, die Ursache der Ursachen, unbegreiflich, unaussprechlich, über alle Zahl erhaben, daher Nichts für den sinnlichen Begriff, Alles in sich selber, das eigentliche Seyn der Gottheit, gleichwohl von den Kabalisten abgeschattet in Bildern oder Ausdrücken, die in der vorigen Anmerkung genannt sind. Auch das Wort אין hat in seiner drey Buchstaben (die ja Etwas sind, während ein absolutes Nichts unmöglich ist) hieroglyphische Beziehung. Wo nichts ist, da ist noch Gott, und je mehr Nichts in sinnlicher Rücksicht, desto näher die Gottheit. Daher heißt auch Gott bey den Kabalisten zuweilen der Raum (מקום), obgleich dieses Bild noch andre Bedeutungen hat, auch der Raum wieder der Gottheit, als der raumfreyen, entgegengesetzt wird.

f) Die Worte: „des Grundes“, construirt Ritt. mit dem Folgenden: viginti duae literae fundamentum sunt trium matrum etc. Postell. läßt sie aus. Bey Pistor. praeter id quod est ineffabile et viginti duas literas. Fundamenta sunt, tres matres etc. Da die 3 Mütter (אמש), die 7 Doppelten (בגד כפרת) und die 12 Einfachen (הוז חטי לן סע צק), zusammen das Alphabet, nämlich die Schöpfungsformen constituiren, so wäre es in dieser Hinsicht angemessen zu verstehen: „deren (der 22 Buchstaben) Grund sind drey Mütter“ ɾc., d. h. sie entstehen oder bestehen aus 3, 7 und 12. Allein יסוד heißt bey den Rabbinen oft so viel wie elementum, auch im physischen Sinne von den vier Elementen, und אותיות יסודות sind literae fundamentales, radicales (s. Burtorf); daher ist vielmehr zu construiren: „Buchstaben des Grundes“, oder: „zweyundzwanzig Grundbuchstaben, (nämlich) drey Mütter“ ɾc. Vg. 2. C. 1. A.

1. C. 3. A. g) Der Einige kann Gott selbst seyn (vg. den 5. u. 7. Abschn.); dann der Eingeborene Sohn (das Wort ist vom einzigen Kinde häufig, und hat den Begriff vom Liebsten bey sich); dann auch Abraham, als der Auserwählte und Liebling Gottes; ferner Isaak, in welchem und für welchen der Bund gemacht war, und von dem das Wort 1 Mos. 22, 2 gebraucht wird; ferner bedeutet das Wort: einsam, verlassen; endlich heißt die mit Gott vereinigte Seele bey den Kabalisten Jechida, s. Blätter 4. Samml. S. 272 ff.

h) Auch: in dem Wort, Ausdruck. Die Zunge zielt auf die Verschwiegenheit, die Blöße (Beschneidung) auf die Reinheit. Dieser ganze Abschnitt fehlt bey Postellus (in meiner Handschrift), so wie Mehreres.

1. C. 4. A. i) Dieses ist auch sonst ein rabbinischer Ausdruck: העמיד דבר על בוריו, constituere rem in claritate sua, wie wir sagen: Etwas ins Klare setzen, aufs Reine bringen; s. Burtorf unter ברר.

k) Auch: Schöpfer. Postell. restitue figmentum in locum suum; Ritt. restitue formatorem in throno suo; bey Pistor. fac sedere (wäre הושב) creatorem in throno suo. Hier wird auch vor וחשוב eingeschaltet: et nota, et cogita, et imaginare.

1. C. 5. A. l) Eine häufige Bedeutung von מדה bey den Rabbinen ist: Eigenschaft; auch geben es alle Uebersetzer so; allein sie scheinen nicht in Acht genommen zu haben, daß 10 Tiefen, Abgründe, oder unendliche Maaße (Ausdehnungen, Linien) folgen. Vg. jed. zu 5, 1.

m) Auch: Ende, Ziel.

n) Auch: Ausgang, Letztes.

o) Die Eigenschaften und Stufen des Bösen correspondiren in gleichem Maaße und Zahl mit denen des Guten, doch reichen sie nicht bis ins Unerschaffene.

p) אל hat Ritt. in seiner Uebersetzung u. Pistor. ausgelassen; Postell. Deus fidelis, rex etc.

q) Auch: treuer, wahrhaftiger.

1. C. 6. A. r) Ezech. 1, 14. Auf dieses Capitel des Propheten, welches bey den Kabalisten Merkaba oder der Wagen heißt, und woraus sie die himmlischen Geheimnisse construiren, zielt unsere Stelle.

s) Auch: Aeußerstes, Vollendung.

1. C. 8. A. t) Bey Ezech. a. a. O.

u) Od. auf dieß Wort. Bey Post. fehlt der 7. u. 8. Abschnitt, wie Mehreres.

1. C. 9. u. 10. A. v) Diese Verbindung scheint ihren Grund in der folgenden Abtheilung der Sephiren zu haben, wobey zuerst vier dann sechs zusammengefaßt sind.

w) Ritt. hat: unus spiritus etc. weil רוח auch weiblich ist; allein אחת steht hier vielmehr absolute als Zahl: Erstens ꝛc. s. das Folg. So wird es auch bey Pistor. genommen. Die Uebers. von Postell. ist unvollkommen und verworren. Unten im 12. Abschn. gehört jedoch רוח אחת zusammen, wie auch hier unter Zwey.

x) Auch: Rede; lies dibbur.

y) Ritt. hat in eo, Pistor. cum illo (instrumental); so auch im Folg. Es ist in dieser Verbindung fast durchgängig ungewiß, ob ב in oder mit, durch heißen soll, ist aber gewissermaßen dasselbe, und da diese Zahlen Werkzeuge sind, so scheint mit angemessener, indem es auch noch einigen Doppelsinn wie ב zuläßt.

z) Welche der Grund sind, Grundzeichen, Grundbuchstaben, s. zum 2. Abschn.

a) Der Geist der Form; nachher folgt das Wasser der Materie, dann das Feuer des Lebens.

b) Den Wassern, als Plural. Ritt. wie schon bemerkt: darein.

c) Auch: Engel des Dienstes. Lies: haschereth (mit 2 Zere), s. Burtorf unter שרת.

d) Aus Geist, Wasser und Feuer.

e) Ps. 104, 4. Diese und andre Anführungen aus der heil. Schrift sind wohl der sicherste Beweis, daß das Büchlein in dieser Gestalt nicht vom Patriarchen Abraham herrühren kann; auch wenn man die noch nicht widerlegte Möglichkeit zugibt, daß Abraham Buchstabenschrift gekannt habe.

f) Auch: Winde; allein vorhin war das Wort Geist gebraucht.

1. C. 11. A. g) Die Stelle ist dunkel; Ritt. übersetzt: Tribus literis ex simplicibus sigillavit spiritum circumcirca tria, et fixit eas cum nomine suo magno יהו; also: „Mit drey Buchstaben aus den einfachen siegelte er Geist auf Drey (drey Dinge), und befestigte sie mit seinem großen Namen" ꝛc. Diese Uebersetzung ist grammatisch zu rechtfertigen, und die Drey könnten aus Cap. 3, 2 zu erklären seyn; obwohl nach der übrigen Schreibart, wo insgemein ein absolutes Subject vorangesetzt wird, besser, vielleicht auch deutlicher ist, wie es oben verstanden wird: „Drey Buchstaben aus den einfachen; er siegelte Geist auf die (diese) drey, und heftete sie in seinen großen Namen", יהו (worunter die Buchstaben oder der Name selbst verstanden werden kann). Der große Name Gottes ist unaussprechlich; wenn aber, gleichsam in diesen unendlichen Grund, Buchstaben geheftet werden, so wird er lesbarer, nimmt eine Form an, und wird dann ein Siegel für das Folgende. Vg. dasselbe Zeitwort in gleicher Verbindung C. 2, 3. 4. Bey Pistor. ist die Stelle ausgelassen, es heißt da: Quinque: sigillavit superius et suspexit: sigillavit cum יהו. Postell. hat: אמש sunt tres literae de simplicibus (das ist falsch, es sind die drey Mütter), quibus sigillavit quod sublime est (er las also רום anstatt רוח) post tria, et colligavit ea cum nomine suo magno יהוה, atque sigillavit cum eis sex extrema etc.

h) Od. siegelte ihn, seinen Namen, drückte ihn aus; so auch im Folg.

1. C. 12. A. i) Ritt. übersetzt: Unus est spiritus Deorum viventium, et Spiritus aquarum et ignis, sublimitas sursum et deorsum, Orientis et Occidentis, Septentrionis et Meridiei. Allein dabey kommt die Zahl 10 nicht heraus, und man sehe den 9. u. 10. Abschnitt. Auch scheint רום nicht zu den vier Weltgegenden zu passen, mit denen er es construirt. Bey Pistor. heißt es besser: Spiritus Dei vivi, Aër, Aqua, Ignis, Sursum, Deorsum, Oriens, Occidens, Septentrio, Meridies, obgleich רום ausgelassen ist. Postell. hat sonderbar: Revelant

(las also בלו statt אלו) decem Sefiroth Spiritum Dei in unum, Aqua et Ignis, Altitudo, Profunditas, Oriens etc.

2. C. 1. A. k) Grundbuchstaben, s. z. C. 1, 2. Ritt. hat wie dort. Postellus richtig: viginti et duae literae fundamenti.

l) Wagschale; das Wort bedeutet bekanntlich auch die hohle Hand.

m) Unschuld. Ritt. hat lanx meriti et lanx debiti, und es ist richtig daß זכות nach dem rabbinischen Sprachgebrauch auch Verdienst heißt, deßgl. Würdigkeit, Gerechtigkeit, obgleich die Wurzel זכה zuförderst rein, unschuldig seyn bedeutet, bey den Rabbinen verdienen, würdig seyn.

n) Recht, Ordnung, Bestimmung, gesetztes Maaß (auch der Arbeit) rc. Rittangel lingua statuti. Ich weiß nicht ob die Redensart sonst von der Wagzunge vorkommt.

o) Eigentlich: sinken machend; bey den Rabbinen der eigene Ausdruck für das Schwanken oder Sinken der Wagschalen, und zwar das Hiphil vom Ueberwiegen, auch mit Argumenten, praeponderare, lancem deprimere, praevalere. Ritt. hat: medians seu conciliens, welche Bedeutung מכריע sonst auch bey den Kabalisten hat; also: „vermittelnd zwischen beyden".

2. C. 2. A. p) Nach der Hebräischen Wortbedeutung ist צרף schmelzen, läutern, proben; die rabbinische ist häufig: zusammenschmelzen, daher verbinden, combinare; wir glaubten beyde vereinigen zu können. Postellus hat ein eignes Wort dafür gemacht zirufavit.

2. C. 3. A. q) S. zum 1. Abschn. rc.

r) s) Oder: mit der, mit dem; s. jedoch das Folg.

t) An ihre verschiedenen Organe. Der alphabetischen Ordnung nach werden sie sonst so aufgeführt: אחהע, Kehlbuchstaben; בומף, Lippenbuchstaben; גיכק, Gaumbuchstaben; דטלנת, Zungenbuchstaben; זסצרש, Zahnbuchstaben.

2. C. 4. A. u) גלגל kann auch Kugel, globus coelestis bedeuten, die Wölbung des Alls.

v) Wenn man 231 mit 22 dividirt, so ist der Quotient $10\frac{1}{2}$, welches mit den 10 S'phiroth b'limah übereinkommt. Ferner ist 231 das Product von 3mal 77. Allein Postellus erklärt es durch die Combinationstafel, wozu der folgende Text paßt. Nämlich wenn man alle Buchstaben zwey und zwey mit einander verbindet, א mit allen, ב mit allen, so entstehen daraus 11mal 22 Combinationen, welches 242 beträgt; zieht man hievon 11 Combinationen oder 22 Buchstaben des gemeinen Alphabets ab, so bleiben 231. Von diesem Abzug gibt er jedoch keinen Grund an. Die Sache ist leicht zu finden auf folgende Weise. Man mache eine Combinationstafel wie die hier beygefügte, wo die erste Reihe mit אב, die zweyte mit בג, die dritte mit גד u. s. w. anfängt, so wird man 21 allmählig verkürzte Reihen von 21 — 20 — 19 bis zu Einer Verbindung erhalten, und dieß gibt zusammen 231 Verbindungen, worin jeder Buchstabe einmal mit dem andern combinirt ist. Diese Verbindungen sind gleichsam Grundwurzeln von zwey Buchstaben, und diese, sagt unser Buch, sind geheftet an eben so viel Pforten (Ausgänge der Schöpferkraft, oder Eingänge der Erkenntniß) des mit ihnen signirten Universums. Es sind Wörter der Universalsprache, Formbezeichnungen, wie z. B. gleich אב den Begriff von Vater, Liebe rc. in sich faßt.

w) ענג bezeichnet Lust, נגע, Plage, Schmerz, Unlust. Es wird hier auf die bedeutungsvolle Temura oder Buchstabenversetzung in den Hebräischen Wurzeln gezielt, welche nach diesem und vielen andern Beyspielen eine unläugbare Eigenheit der Sprache ist.

x) Oder: als er sie gebildet hatte; je nachdem man punktirt. Ritt. hat: et hoc ita: ponderavit etc.

y) Auch: es kehrt wieder die Umwälzung. Dagegen hat Rittangel: et revertitur quoque, quod absit, indem er חלילה in der gewöhnlichen Hebräischen Bedeutung nahm. Allein hieher gehört folgende Stelle aus Burtorfs Lex. Chald. Talm. et Rabb. voc. חלל: „חלילה *Revolutio reciproca, reciprocatio, versio, conversio, στροφή, ἀντιστροφή*: חוזר חלילה Redeunt per circuitum, in orbem, Succa fol. 55. 2. Desumta locutio a *tripudiandi* significato, quod hoc verbum in Hebraeo habet; quod saltantes et tripudiantes soleant in orbem se convertere et reciproce redire.“ Also: der Kreis macht die Runde. Auf allen Fall bildet die Zusammenstellung beyder Wörter eine übliche Redensart. Könnte חלילה so viel wie תחילה, Anfang, bedeuten, so hieße es: „Es kehrt wieder der Anfang“; doch ist dieß nicht nöthig. Die andern Uebersetzungen sind auch hier unvollständig und verworren.

z) Der heilige Name Gottes ist gleichsam die Urmutter aller Buchstaben oder Formen der Schöpfung. Wahrscheinlich soll man hiebey Betrachtungen anstellen über das Tetragrammaton selbst, über das Wort שם u. s. w.

2. C. 5. A. a) Auch: aus dem Nichtigen, Wesenlosen, Formlosen, das Fühlbare, Substantielle, das Etwas. Das Wort ממש heißt besonders in der spätern philosophischen Sprache Wesen oder Etwas, allein nach seiner (auch von Burtorf angenommenen) Abstammung von משש ist es ursprünglich das Greifliche.

b) Lies: me-awêr, das Griechische ἀήρ; unten kommt das Wort mehr vor.

c) Eigentl. durch Wort; ich verstehe: במימר. Oder: der Schauende (Betrachtende, Denkende) und das Wort das da machte alles Gebilde ꝛc.

d) Od. Dinge. — Auch in diesem Abschnit: ist bey Postellus große Verschiedenheit, jedoch wahrscheinlich unächte Lesart: Creavit ex תהו ems ישנו et fecit את i. e. *as* quod non mutabitur aut veterascet etc. als wenn er gelesen hätte: ועשה את אשר איננו ישנה.

3. C. 1. A. e) S. C. 2, 1.

3. C. 2. A. f) Siegelringen, s. C. 1, 11.

g) א ist der Buchstabe (die Hieroglyphe) der Luft, מ des Wassers, ש des Feuers; sie liegen in den Wörtern אויר (wofür auch רוח steht), מים und אש, und sind als Laute sachbezeichnend, Abbilder, folglich Buchstaben des Naturalphabets. Sie heißen Mütter, weil aus diesen drey Elementen, d. i. Formen des Körperlichen, zumal als Urprincipien gedacht, die ganze Natur ihr Daseyn empfängt. Postell. setzt hier hinzu: et spiritus, Pistor. et aër; allein dieß scheint Zusatz von Abschreibern zu seyn, welche dieses Element hier vergessen glaubten; der Verfasser kann es mit Absicht fürerst ausgelassen haben.

h) Feuer ist Mann, Wasser Weib; die Luft ist zweygeschlechtig; aber auch jene sind es gewissermaßen, indem es wäßrige Feuer und feurige Wasser gibt.

i) Ich verstehe: אמש sind ihre Grundbuchstaben.

k) Die Seminaltheile, die Grundstoffe, rerum naturae semina, oder wie ein Lateinischer Dichter sagt: semina caeli.

3. C. 3. A. l) Im Makrokosmus.

m) Ist Vermittler, s. oben.

4

3. C. 4. A. n) רויה bedeutet sonst reichliche Tränkung, von רוה ubertim expletus, irrigatus, auch inebriatus est. Hier aber geben es die Uebersetzer mit Recht temperatum, Postell. media temperies. Die Labung der Natur, die gemäßigte Kühle, entsteht dadurch, daß die Feuchtigkeit den Wärmestoff verschlingt, und die Feuchtigkeit bildet ebenfalls den Uebergang vom Frost zur Hitze. Die Lexika führen diesen Wortgebrauch nicht an.

o) Person; zuweilen auch schlechthin menschlicher Körper.

p) D. i. Luft, wie schon erwähnt, jedoch als Grundstoff. Es wäre sehr unangemessen, unsern Autor zum Materialisten zu machen.

3. C. 5. A. q) Nämlich das א mit מ und ש; denn die drey Urstoffe finden sich nirgends vereinzelt, aber einer oder der andre vorherrschend.

r) Da hier von der leiblichen Schöpfung die Rede ist, so heißt נשמה Odem oder Athem, als Princip oder vielmehr Erscheinung des animalischen Lebens; es bezeichnet auch jedes athmende d. h. lebendige Geschöpf, animal, animans. In andern Verbindungen erhält das Wort höhere Bedeutung.

s) In der Person des lebendigen Wesens, wie vorhin. נפש heißt auch Athem und athmendes Geschöpf, endlich dessen Leib. Vg. über beyde Wörter Blätter für höh. Wahrh. 4. Samml. S. 271 ff.

t) Auch: das Männliche — das Weibliche; sofern dieser Geschlechtsunterschied auch auf die übrigen Gegenstände der Versiegelung bezogen wird.

u) Keiner von den Uebersetzern hat hier einen Zusatz, obgleich im Texte die beyden Buchstabensiegel für das ש fehlen, nämlich שאם und שמא.

4. C. 1. A. v) Die 7 Doppelconsonanten oder sogenannten adspiratae (welche durch das Dagesch ihre Adspiration verlieren, und zu denen hier wider die gemeine Grammatik das ר gerechnet wird) werden als Bilder von Zuständen dargestellt, die ihre entschiedenen Gegensätze haben, gleichsam ihre Beschwerungen, Verhärtungen (Dageschirungen).

w) Das Wort Gnade ist in seinem alten umfassenden Sinne gebraucht, worin es mit חן übereinkommt, und zugleich Anmuth, Lieblichkeit bedeutet; auch Huld hat die doppelte Bedeutung. Davon ist der Gegensatz כיעור foeditas, turpitudo, rad. כער foedare. Ritt. hat indignatio (Gehässigkeit), Postell. opprobrium, Pistor. am besten abominatio.

x) Auch: Oede, Ritt. solitudo.

y) Bey Gelegenheit dieser Zustände oder Eigenschaften wollen wir bemerken, daß unser Buch zwar C. 1, 4 Chochmah und Binah (Weisheit und Verstand) nennt, aber nicht als Sephiren, auch von den übrigen Sephirennamen nichts weiß, welche sind im Ganzen: 1) Keter (Krone), 2) Chochmah (Weisheit), 3) Binah (Verstand), 4) Gedulah (Größe), 5) Gebhurah (Stärke), 6) Tiphereth (Schönheit), 7) Nezach (Sieg, Dauer), 8) Hod (Herrlichkeit), 9) Iesod (Grund), 10) Malchuth (Königreich). Das hier gebrauchte Wort Herrschaft (ממשלה) steht wohl nur zufällig im Verhältniß zu Malchuth. Zwar ist Stillschweigen von einer Sache noch kein historischer Beweis ihres Nichtdaseyns; allein da dieses älteste kabalistische Buch Gelegenheit hatte, die Namen zu gebrauchen, so wird ihre spätere Erfindung schon dadurch sehr wahrscheinlich. Die jüngern kabalistischen Schriften sind von ihnen und ihren Beziehungen so voll, daß dazu ein eigenes, wohl nicht sehr nützliches Studium gehört, es sey denn, daß die Sache auf die einfachsten Begriffe zurückgeführt und von der spätern Ausartung gereinigt werde. Die drey obersten Sephiren haben gegründete, auch biblische Namen; auch bey den folgenden, als den Eigenschaften der Gottheit, leuchtet ein angemessenes Verhältniß hindurch. Die Sache ist aber, wie uns dünkt, besonders mit den Namen der untern Sephiren, zu steif und nothwendig genommen, zu sehr ins Willkührliche und Zwecklose subtilisirt worden. Dagegen sind im Buche Jezira die drey Mütter Repräsentanten der obern, die sieben Doppelten der untern Sephiren, und letztere stellen ebenfalls gewisse Eigenschaften des Guten vor, welche bis zu denen der Gottheit aufsteigen. Ihre Zusammenstellung gibt zwey lesbare verbundene Wörter von drey und vier Buchstaben: beged caporeth, Decke des Gnadenstuhls, hat also offenbar einen mystischen Bezug.

4. C. 2. A. z) Auch: heilige Tempel; der Punkt der göttlichen Gegenwart, von dem die andern unendlichen Punkte oder Linien ausgehn.

4. C. 3. A. a) Den sogenannten 7 Planeten; vg. den 4. Abschnitt, auch für das Folgende.

b) Die 7 Vesten oder sichtbaren Himmel sind die Sphären der 7 Planeten, worin diese ihre Bahnen beschreiben.

c) Wie der Verfasser die 7 Erden verstanden hat, läßt sich nicht mit Bestimmtheit sagen. Nach der Lehre einiger Rabbinen sind unter uns noch sechs Erden, und die Namen aller von unten herauf heissen: 1. Ârez, 2. Adamah, 3. Arka, 4. Ge, 5. Neschija, 6. Zija, endlich 7. Tebhel, unser Erdboden, s. Eisenmengers entdecktes Judenthum Th. 1. S. 459 ff. Es lassen sich auch 7 Climate verstehen etc.

d) Zunächst werden wohl die heiligen 7 Wochen von Ostern bis Pfingsten verstanden, obgleich noch andre chronologische Geheimnisse hierunter verborgen seyn können.

4. C. 4. A. e) Das heißt: zwey Buchstaben geben zwey Combinationen oder Versetzungen, z. B. אב, בא; drey ihrer sechs, als: אמש, אשם, מאש, משא, שאם und שמא; vier geben schon 24 u. s. w. Um zu finden, wie oftmal sich eine gewisse Anzahl Buchstaben versetzen läßt, braucht man nur das Product der vorhergehenden Zahl damit zu multipliciren, als:

Buchst.	2	× 1 =	2	
	3	× 2 =	6	
	4	× 6 =	24	
	5	× 24 =	120	
	6	× 120 =	720	
	7	× 720 =	5040	u. s. w.

f) D. h. von dieser wundervollen Verwechselung und Vervielfältigung gehe fort in das Unendliche; er knüpft dieses an die verschwiegene heilige Zahl Sieben.

g) Es ist auffallend, daß hier die Ptolemäische Ordnung nicht beobachtet wird; allein der Grund ist nachzuweisen. Man setze die Planeten nach ihrer angegebenen Reihenfolge in die Winkel eines Heptalpha (Heptankylon, Stern oder sogen. Drudenfuß von sieben Ecken), oder schreibe sie im Kreise an, und ziehe Linien von einem zum andern nach den Tagen der Woche, woraus ein solches Heptalpha entstehen wird, so wird sich das Räthsel auflösen, und man wird nicht umhin können die sinnreiche Abfassung unsers Büchleins zu bewundern.

h) Od. die sieben Tage im Jahr: die Tage der Schöpfung; ist gleich. Diese werden dadurch mit den Wochentagen parallelisirt. Uebrigens gebraucht der Verf. für Schöpfung das Wort בראשית, als das erste Wort des 1. B. Mosis, womit auch dieses und insonderheit dessen erster Abschnitt benannt wird, insgemein Genesis.

i) Od. in ihnen: den 7 Doppelbuchstaben.

k) Auch: Zeiten.

5. C. 1. A. l) Od. Eigenschaften, Attribute. Eigentlich: Ihr Maaß der ꝛc. Sofern Maaß zugemessenes Theil bezeichnet, so kann darunter auch Eigenschaft verstanden werden. S. aber hernach.

m) Dieses ist die gewöhnlichere Bedeutung des Worts bey den Rabbinen, welches doch eigentlich Bedienung, Amt bedeutet.

n) Oder: an den Kreisen, Bögen (des Himmelsgewölbes). Das Wort אלכסון (alachson) ist seiner Herleitung und eigentlichen Bedeutung nach ungewiß; לוכסן (lochsan) heißt transversum, obliquum. Burtorf gibt an: באלכסון oblique, per obliquum; es sey das Griechische λοξός; zugleich aber sagt er: אלכסון sey bey den Geometern der Diameter, und bemerkt zuletzt, daß nach Schindler der Durchmesser auf Arabisch נכס: heisse, folglich das ל nicht radical seyn würde (s. Schindler unter כסן). Am wahrscheinlichsten ist die Wurzelbedeutung nicht sowohl krumm, als vielmehr schief, schräge, seitwärts; demnach wären im Plural אלכסונין oder אלכסונים eigentlich die einander gegenüber stehenden Halbmesser oder Winkel, nicht curvaturae, sondern lineae oblique oder transversim sibi respondentes, lineae transversim obliquatae. Ritt. u. Pist. haben duodecim termini orbis, Postell. termini zodiaci et horizontis. Vg. C. 6, 1. Für Grenzen sagen wir Punkte.

o) Bis ins Unendliche.

5. C. 2. A. p) Die Zeichen des Thierkreises.

q) Nicht was wir Zeichen, Himmelszeichen nennen, sondern, wie Burtorf sub rad. סמן sagt, bey den Grammatikern, Masorethen und Kabalisten heissen סימנין signa, notae, characteres, symbola memorialia certarum rerum; sumitur et pro litera. Also das Folgende ist mnemonische Zusammenstellung der Anfangsbuchstaben von den Namen der Himmelszeichen.

r) Wenn der Autor nicht einen geheimen Grund hatte, den Krebs mit der Wage zu vertauschen, so muß gelesen werden מאב סעק; denn die 12 Zeichen folgen so: טלה (aries), שור (taurus), תאומים (gemini), סרטן (cancer), אריה (leo), בתולה (virgo), מאזנים (libra), עקרב (scorpius), קשת (arcitenens), גדי (caper), דלי (amphora), דגים (pisces).

s) Aus dem Jüdischen Kalender bekannt.

t) Hier kommen drey Wörter vor, welche sämmtlich Magen oder etwas Aehnliches (wie der Kropf bey den Vögeln) bedeuten. Das zweyte קיבה (keba) ist 5 Mos. 18, 3 der Magen, nach Einigen der rauhe Magen der wiederkäuenden Thiere, nach Andern der vierte. Ueber כרס und קירקבן oder קורקבן sehe man Burtorf, letzteres unter קרק. Ritt. hat intestina, vesica, arteriae; eben so Postellus. Bey Pistorius: colon, coagulum et ventriculus; allein colon und coagulum bedeuten beyde den blinden Darm oder Grimmdarm. Vielleicht: Magenmund

(Speiseröhre, stomachus), Magen (ventriculus) und Mastdarm (intestinum rectum); oder Magen, Grimmdarm und Mastdarm. Herausg. muß diese Stelle fürerst auf sich beruhen lassen; auffallend ist die Auslassung andrer wichtigen Theile des Eingeweides.

u) Provinz, Herrschaft.

v) Auch: ordnete.

5. C. 3. A. w) Bey Pistor. fließt dieser Abschnitt mit dem Folgenden zusammen.

6. C. 1. A. x) So mit Rittangel: septem domitores et exercitus eorum. Postellus hat: septem receptacula et exercitus eorum, indem nämlich כבש im Chaldäischen auch abscondere, tegere, obducere bedeutet (unser Zwinger würde einen ähnlichen Begriff darbieten). Bey Pistorius: et septem caelos cum exercitibus suis, also כבש anstatt רקיע, Veste, septem strata, von der weitern Chaldäischen Bedeutung sternere, wo es insonderheit von den Wolken vorkommt, s. Burtorf. Dieser Lexicist merkt noch an: מכבשין machinae bellicae ad subigendas urbes, was aber hierher nicht paßt.

y) Ritt. u. Pistor. auch hier: terminos orbis, Postell. duodecim termini axium, also in der Bedeutung von Durchmesser.

z) ראיה (ra'jah) heißt ratio, probatio, demonstratio. Ritt. ratio hujus rei; Pistor. probatio horum; Postell. irrig: et visus ad loquendum verba fidelia.

a) Ritt. praefectura, sollte demnach vielmehr פקודן (pikudan) oder פקידותן heißen, da פקיד insgemein Vorgesetzter bedeutet. Pistor. hat: et duces; Postell. ordinatio.

b) Eins der höchsten Sternbilder am nördlichen Himmel, zwischen dem kleinen und großen Bären, oben am Kopf mit drey großen Sternen. So wird תלי von den Rabbinen unzweifelhaft gebraucht. Ritt. draco caelestis. Bey Pistor. teli, und hernach teli, id est intelligentia; Postell. dependentia sive destinatio. Beyde kannten das Wort nicht. Ihre Uebersezungen sind hier ebenfalls verworren.

6. C. 2. A. c) Herrschaft, s. oben. Im Frieden.

d) Allzeit schlagend, in Bewegung rc. Zum folgenden vg. Sirach 33, 15. 16. C. 42, 25.

6. C. 3. A. e) Als die drey obersten innig verbundenen Sephiren, nicht nur wie אמש in der Natur, sondern auch in der Gottheit. Die Dreyeinigkeit ist allgemeine kabalistische Lehre, und war zur Zeit des Heilandes unter den Juden bekannt, weßwegen sie um so weniger im N. T. erst förmlich dogmatisirt zu werden brauchte. Bey Pistor. wird falsch verstanden: Et (Druckfehler für ex) tribus unum stat separatum.

f) Bey den nachherigen Kabalisten wird daraus die תפארת oder Schönheit, welche sie in die Mitte stellen, als das vermittelnde Ebenmaaß, wie man an dem Sephirenbaum sehen kann, den Rittangel S. 11 geliefert hat, und der auch sonst öfter abgebildet ist. Es sind aber daselbst auch יסוד und מלכות unten in der Mitte unter einander gesetzt, während nach unserm Buch die Stellung diese seyn müßte:

g) Hier ist Gott im Gegensatz von den Anfängen der Natur gedacht. Die ganze kabalistische Sprache richtet sich nach jedesmaliger Ansicht.

6. C. 4. A. h) Wie konnte man dieses Buch ihm selbst beylegen? Nur als dem Hauptinhalt nach überliefert, das hätte keinen Anstand; die Fassung sehr großen.

i) Auch: Liebhaber, daher Geliebter. Jesaj. 41, 8. 2 Chron. 20, 7. Vg. Jak. 2, 23. Bey Pistorius heißt diese Stelle: — sculpsit, incidit, composuit, statim adeptus est creaturam in manibus. Tunc illi se aperuit omnium Dominus, fecitque sedere et osculatus est caput illius, et ex nomine suo nuncupans amicum suum appellavit etc.

k) Ritt. gibts: revelavit ei mysterium earum; dieß wäre nicht יסודן sondern סודן. Bey Pistor. et Deus aperuit secretum suum. Postell. alligavit 22 literas cum lingua eorum.

l) Aus oder an?

m) Bey Pistor. Tranat (traxit) per aquam, accendit in igne, grandine signavit in aëre. Disposuit cum septem et gubernavit cum duodecim. Postell. Attraxit eum in aqua, accendit in spiritu, inflammavit in septem aptatum cum duodecim signis. Der Mantuaner oder Rittangelische Text scheint gesunder als beyde Lesarten.

Combinationstafel.

שת	רש	קר	צק	פצ	עפ	סע	נס	מנ	למ	כל	יכ	טי	חט	זח	וז	הו	דה	גד	בג	אב
	רת	קש	צר	פק	עצ	ספ	נע	מס	לנ	כמ	יל	טכ	חי	זט	וח	הז	דו	גה	בד	אג
		קת	צש	פר	עק	סצ	נפ	מע	לס	כנ	ימ	טל	חכ	זי	וט	הח	דז	גו	בה	אד
			צת	פש	ער	סק	נצ	מפ	לע	כס	ינ	טמ	חל	זכ	וי	הט	דח	גז	בו	אה
				פת	עש	סר	נק	מצ	לפ	כע	יס	טנ	חמ	זל	וכ	הי	דט	גח	בז	או
					עת	סש	נר	מק	לצ	כפ	יע	טס	חנ	זמ	ול	הכ	די	גט	בח	אז
						סת	נש	מר	לק	כצ	יפ	טע	חס	זנ	ומ	הל	דכ	גי	בט	אח
							נת	מש	לר	כק	יצ	טפ	חע	זס	ונ	המ	דל	גכ	בי	אט
								מת	לש	כר	יק	טצ	חפ	זע	וס	הנ	דמ	גל	בכ	אי
									לת	כש	יר	טק	חצ	זפ	וע	הס	דנ	גמ	בל	אכ
										כת	יש	טר	חק	זצ	ופ	הע	דס	גנ	במ	אל
											ית	טש	חר	זק	וצ	הפ	דע	גס	בנ	אמ
												טת	חש	זר	וק	הצ	דפ	גע	בס	אנ
													חת	זש	ור	הק	דצ	גפ	בע	אס
														זת	וש	הר	דק	גצ	בפ	אע
															ות	הש	דר	גק	בצ	אפ
																הת	דש	גר	בק	אצ
																	דת	גש	בר	אק
																		גת	בש	אר
																			בת	אש
																				את
1	2	3	4	5	6	7	8	9	10	11	12	13	14	15	16	17	18	19	20	21

1 5 9 13 17 21 25 29 33 37 41

6 22 38 54 70 41

28 92 111

120 111

231

Punktirtes Glossarium der rabbinischen Wörter.

W. bedeutet Weg. J. bedeutet Jezira.

א

אדק anhängen. J. 6, 3.

אויר Luft. J. 2, 5 rc.

אופן Rad, 2) Art, Form. 12. W.

אות Zeichen, Buchstabe. אותיות יסוד Grundbuchstaben. J. 1, 2 rc.

אחדות Einheit. 2. W. 5. W.

אילך weiter. J. 4, 4.

אלהות Gottheit. 21. W.

אלו diese, jene, Plural. so viel als das Hebr. אלה. 4. W.

אלכסון Durchmesser, Querlinie. J. 5, 1.

אמצע auch מצע Mitte. J. 1, 3.

אמתה Wahrheit, Bewahrheitung. 13. W.

אצל eigentl. scheiden, sondern. Niph. נאצל ausfließen, auch einfließen, emaniren. 3. W. Daher אצילות Emanation. 4. W. Das Hiphil ebendaselbst.

ב

בהיר hell, klar, Klarheit. 12. W.

בהק und vielmehr Hiphil הבהיק weiß seyn, glänzen, and transit. glänzend machen, erleuchten, verklären. 9. W.

בורי Reinheit, Klarheit, Deutlichkeit. J. 1, 4.

בריאה, בריה, בריא Schöpfung, Geschöpf. 1. 2. 15. W.

ג

גב Rücken. על גבי über. J. 6, 3. Das Wort גב und גבי wird sonst auch als Partikel, mit Auslassung von על, allein gebraucht, und bedeutet über, von, bey u. s. w. s. Burtorf im Lex. Chald. Talm. et Rabb. S. 378. Wenn Michaelis oder Gesenius unter גב die Bedeutung Rücken bestreitet, und vielmehr Seite annimmt, so möchte sich beydes wohl vereinigen lassen.

גודל, גידול Größe, Wachsthum. 29. W.

גוף Leib, Körper. J. 2, 5.

גזרה Schnitt, Zuschnitt. 9. W.

גלגול Umwälzung, Revolution. 30. W.

גלגל Kreis, Kugel. 27. W. J. 2, 4.

גשם Leib, daher מגושם leiblich. 29. W.

ד

דִּבּוּר Wort, Rede. J. 1, 9 u. 10.
דִּמְיוֹן Bild, Bildung, Erscheinung, Imagination. 24. W.
דִּמְיוֹנִי bildend, bildnerisch, bildlich. 24. W.
דַּקּוּת Feinheit. 4. W.

ה

הִבְהִיק s. בהק.
הִרְהֵר denken, nachdenken, sich vorstellen. J. 1, 8. daher
הִרְהוּר das Denken, Nachdenken. J. 5, 1.
הֶרְגֵּשׁ Empfindung. 17. W.
הַרְגָּשָׁה Empfindung, Sinn. 27. W.
הִשְׁתַּמֵּשׁ dienen. 32. W.

ז

זוּ so viel als זֶה. J. 3, 5.
זַכּוּת, זְכוּת Unschuld, Reinheit, Gerechtigkeit, Verdienst., J. 2, 1.

ח

חוֹבָה Schuld. J. 2, 1.
חִזָּיוֹן Gesicht, Vision, Anschauung. 12. W.
חָזַר umkehren, sich umwenden. J. 2, 4.
חֲלִילָה Umwendung, Runde. J. 2, 4.
חֲקִירָה Forschung. 18. W.

ט

טֶבַע Natur, Art (rad. טבע eindrücken, einsenken); daher מטבע genaturt, natürlich. 28. W.
טְחוֹל Milz. J. 5, 2.

י

יְדִיעָה Kenntniß, Wissenschaft. 30. W.
יַחַס Geschlecht, Adel, Würde. 11. W.

כ

כָּאן, כַּאן hier, da. מִכַּאן von hinnen, von dannen. מִכַּאן וְאֵילָךְ hinc et ulterius. J. 4, 4.
כְּדֵי um, damit, wegen. 21. 22. W.
כוכב Stern, insonderheit der Planet Merkur. J. 4, 4.
כּוֹכְבֵי לֶכֶת Wandersterne, Planeten. 32. W. Gegensatz שֶׁבֶת 5 die Fixsterne.
כֵּיוָן (gewöhnlich mit folgendem ש) nachdem. J. 6, 4.
כִּיעוּר Häßlichkeit. J. 4, 1.
כָּךְ, כָּכָה also. לְכָךְ darum. J. 1, 8. Vg. לְפִיכָךְ.
כָּלַל sammeln, zusammenfassen. 30. W.
כְּלָלִי sammelnd, sammlerisch, umfassend, universal. 30. W.
כָּרַע Hiph. הִכְרִיעַ schwanken, dazwischenkommen, vermitteln. J. 2, 1.

ל

לְכָךְ s. כָּךְ.
לְעִיסָה Essen. J. 5, 1.
לְפִיכָךְ deßwegen, demnach. J. 4, 3. 4.

מ

מַאֲדִים der Planet Mars. J. 4, 4.
מִדָּה Maaß, Eigenschaft. J. 1, 5. C. 5, 1.
מֻגְשָׁם s. גֶּשֶׁם.
מֻטְבָּע s. טֶבַע.
מֻרְגָּשׁ sinnlich, empfindlich. 27. W.
מֻשְׂכָּל (rad. שָׂכַל) verständlich, oder subst. Verständniß. 1. W. מֻשְׂכָּלוֹת intellectualia.

מַזָּלוֹת Gestirne, insbesondre die Bilder des Thierkreises. J. 5, 2.

מֵימַר Wort. J. 2, 5.

מְכֻוָּן s. כוון.

מַכְרִיעַ Vermittler, s. כָּרַע.

מַמָּשׁ und מַמָּשׁוּת Etwas, Wesen, Wesenheit, Substanz, Festes. 18. W. J. 2, 5.

מִנְיָן, מִנְיָין Zahl. J. 2, 5.

מַסָּם s. zu J. 5, 2.

מַעֲזִיבָה Pflaster, gepflasterter Boden. J. 1, 9 u. 10.

מְצִיאוּת Wesenheit, Seyn, Essenz, Substanz. 1. W.

מָרָה Galle. J. 5, 2.

מִשְׁנָה Text, Paragraph, Abschnitt, sectio.

מִתְנַהֵג s. נָהַג.

נ

נֶאֱצָל s. אָצַל.

נָהַג gewohnt seyn. מִתְנַהֵג gewohnt od. gewöhnt. J. 4, 1.

נוֹגַהּ der Planet Venus. J. 4, 4.

נִסָּיוֹן Versuch, Versuchung, Prüfung. 25. W.

נָעַץ fügen, heften, befestigen. J. 1, 7.

נֶקֶב Loch, Höhlung, Oeffnung. J. 4, 4.

ס

סִימָן Zeichen. J. 2, 4.

סָלִיק geendigt, zu Ende, Ende (des Buchs, Capitels).

ע

עִדּוּן Wollust, Ergötzen. 16. W.

עִיּוּן Betrachtung. 15. 30. W.

עִלָּה Ursache. 11. W.

עֲמוֹד עַל s. zum 1. W.

עֶצֶם selbst, ebenderselbe, die Selbstheit, das Wesen des — 5. W. rc.

פ

פֵּרוּד Trennung. 9. W.

פְּעֻלָּה Wirkung, Verrichtung. 19. W.

פַּרְגּוֹד Vorhang. 11. W.

פֶּרֶק, פִּרְקָא Stück, Capitel, Abschnitt.

פָּשׁוּט nackt, einfach. J. 1, 2 rc.

צ

צִבְיוֹן Zierde. 24. W.

צֶדֶק der Planet Jupiter. J. 4, 4.

צִבְיוּת oder צִבְיָה Ansehn. J. 1, 6.

צָרַף schmelzen, verschmelzen, verbinden. J. 2, 2.

ק

קָבַע heften, einheften, befestigen, einsetzen. 4. W. J. 1, 11. E. 2, 3. 4.

קְדִימָה s. zum 3. W.

קַדְמוּת Ursprung, Anfang. 8. W.

קִיבָה, קֵבָה s. zu J. 5, 2.

קִיּוּם Bestand, Subsistenz. 8. W.

קַיָּם oder קַיָּים standhaft, beständig. 22. W.

קִצּוּץ oder קִיצוּץ Abbruch. 9. W.

קֻרְקְבָן, קוּרְקְבָן s. zu J. 5, 2.

ר

רָאוּי (rad. רָאָה) würdig, angemessen, gemäß. 24. W.

רְאָיָה Grund, Beweis. J. 6, 1.

רְאִיָּה, רְאִיּוּת Gesicht. J. 5, 1.

רִבּוּי Menge. 10. W.

רוּחָנִי, רוּחָנִיִּי geistig. 4. W. rc.

רויה das Gemäßigte, s. zu J. 3, 4.
ריחה Geruch. J. 5, 1.

ש

שבתאי der Planet Saturn. J. 4, 14.
שיחה Reden, sonst Denken, Gedanke. J. 5, 1.
שכלי verständlich, intellectuell. 7. W.
שלימות Vollkommenheit. 28. W.
שמיעה Gehör. J. 5, 1.
שמש s. השתמש, תשמיש.
שרות dienen, Dienst. J. 1, 9 u. 10.

ת

תלי das Sternbild des Drachen. J. 6, 1.
תמידי immerwährend. 30. W.
תשלום Vollendung, Ausgleichung, Erstattung. 13. 30. W.
תשמיש Bedienung, Amt; 2) Beyschlaf. J. 5, 1.

Nachworte

Moshe Idel

Das Buch Jezira in der jüdischen Tradition

Eines der ältesten und rätselhaftesten Werke in der frühen jüdischen Mystik ist der kurze, hochkonzentrierte Traktat mit dem Titel *Sefer Jezira.*[1] In manchen Manuskripten wird er Abraham, dem Patriarchen, zugeschrieben, der aber explizit nur am Ende dieses kleinen Buches erwähnt wird; eine andere Überlieferung bringt den Traktat in Zusammenhang mit Rabbi Akiba, einer hochverehrten rabbinischen Gestalt des zweiten Jahrhunderts n. Chr. So falsch die zwei Zuschreibungen auch sind, haben sie doch zu dem erstaunlichen Erfolg, den dieses Buch seit dem neunten Jahrhundert hat, beigetragen. Nicht nur weil das Buch sonst in antiken jüdischen Texten selten behandelte Themen wie zum Beispiel Kosmogonie, Kosmologie oder Linguistik anspricht, sondern auch wegen seines oft obskuren Stils war dem Buch die Aufmerksamkeit von Generationen von Kommentatoren sicher, deren jeder auf seine besondere Weise versuchte, die Bedeutung des Buches zu entschlüsseln und öfter noch in dem Buch den Ursprung der eigenen theologischen Position zu entdecken.

Im *Sefer Jezira* werden hauptsächlich drei Themen behandelt, und zwar in einer wesentlich anderen als der biblischen und rabbinischen Haltung zu diesen Themen. Während die biblische Theologie die Transzendenz des Göttlichen oder seine Gegenwart in einem sehr begrenzten Bezirk, dem Allerheiligsten, betont, wird im Sefer Jezira Gott als der porträtiert, der im Zentrum des Universums auf seinem Thron sitzt und seine Gegenwart mittels der zehn Sefirot, der zehn mythischen, schöpferischen Zahlen, an die äußersten Enden der Welt emaniert. Die göttliche Gegenwart ist zwar im Zentrum, doch findet sie sich auch an den sechs Enden des Universums, wo die Welt mit den sechs Kombinationen der drei Buchstaben, die das Tetragramm bilden, versiegelt ist; diese Vorstellung findet sich auch in anderen antiken mystischen jüdischen Schrif-

1 Die beste hebräische Ausgabe dieses Textes bietet Ithamar Gruenwald, „A Preliminary Critical Edition of Sefer Yezira", in: Israel Oriental Studies, I (1971), S. 132–177; siehe auch seinen Aufsatz „Some Critical Notes on the First Part of Sefer Yezira", in: Revue des Etudes Juives, CXXXII (1973), S. 475–512, wo eine annotierte englische Übersetzung des ersten Abschnittes dieses Buches gegeben wird, und Nicolas Sed, „Le Sefer Yesira, l'édition critique, le texte primitif, la grammaire et la métaphysique", ebd., S. 513–528.

ten. Wie Shlomo Pines gezeigt hat, erinnert der immanentistische Standpunkt von *Sefer Jezira* an die stoischen Gottesbegriffe.[2] Durch die Schaffung dieses Kontinuums zwischen den Sefirot, die aus Gott emanieren, und dem Universum wurde der starke Hang der rabbinischen und biblischen Theologie, einen Abgrund zwischen Gott und der Natur zu schaffen, zumindest teilweise überwunden.

Andererseits betont das *Sefer Jezira* die Existenz einer für das biblische und rabbinische Denken keineswegs typischen, tiefen Affinität zwischen Mensch und Universum. Es ist nicht so sehr die für manche Strömungen in der Bibel und in der talmudisch-midraschischen Literatur charakteristische Ähnlichkeit zwischen der menschlichen und der göttlichen *Morphē*, die das *Sefer Jezira* durchdringt, sondern seine eigentümliche, detaillierte Version der Mikro-Makrokosmos-Entsprechungen, die die zweite Hälfte des Buches beherrscht. Typisch für die Behandlung dieses Themas scheint die Einführung der drei hebräischen Buchstaben in Zuordnung zu den verschiedenen Gliedern des menschlichen Körpers zu sein, die in Beziehung zu astralen Körpern stehen. Statt wie in den klassischen Formen des Judentums die rituelle Beziehung zwischen Gott als dem Verkünder des Gesetzes und dem Menschen, der ihm gehorchen soll, zu diskutieren, optierte der Autor des *Sefer Jezira* für einen einheitlichen, nicht-ritualistischen Ansatz, der eine strukturelle Affinität zwischen der astronomischen Welt und dem Körperaufbau des Menschen herstellt. Das Sefer Jezira, das sich bis auf eine beiläufige Bemerkung über die Beschneidung ganz am Ende des Buches mit Fragen des Rituals nicht befaßt, erörtert die Verfahren, mit denen Gott das Universum und, implizit meiner Meinung nach auch, der Mensch ein künstliches Geschöpf, den Golem, mit Hilfe von sprachlichen Mitteln geschaffen hat.

---

2 Zu den Vorstellungen in Sefer Jezira und seinen Quellen siehe den sehr wichtigen Beitrag von Shlomo Pines, „Points of Similarity between the Exposition of the Doctrine of the Sefirot in the Sefer Yezira and a Text of the Pseudo-Clementine Homilies: The Implications of this Resemblance“, in: Proceedings of the Israel Academy of Sciences and Humanities, VII, 3, 1989, S. 63–142. Mehr zum Sefer Jezira in Gershom Scholem, Origins of the Kabbalah, übersetzt von A. Arkush, hrsg. von R. J. Zwi Werblowsky, Princeton University Press, JPS 1987, S. 24–35; ders., Zur Kabbala und ihrer Symbolik, Frankfurt/Main 1973, S. 219–227; ders., Kabbalah, Jerusalem 1974, S. 23–30, wo ein umfassender Überblick über die wichtigsten Aspekte dieses Buches gegeben wird; Nicolas Sed, „Le Memar samaritain, Le Sefer Yesira et les trente-deux sentiers de la Sagesse“, in: Revue de l'histoire des religions, 160 (1966), S. 159–164; Dan Cohn-Sherbok, „The Alphabet in Mandaean and Jewish Gnosticism“, in: Religion, 11 (1981), S. 227–234; Joseph Dan, Three Types of Ancient Jewish Mysticism, University of Cincinnati 1984, S. 20–24. Ein wichtiger Beitrag zum Verständnis der sprachtheoretischen Gedanken in diesem Buch und ihrer griechischen Quellen ist die Studie von Yehuda Liebes: „The seven double letters BGDKFRT – on the double Resh and the background of Sefer Jezira“, Tarbiz, Bd. 61 (1992), S. 237–247 (hebräisch).

Die letzte, aber nicht geringste in der kurzen Liste der Neuerungen, die durch dieses Buch in das antike jüdische Denken eingeführt wurden, gehört in den Bereich der Textologie. Der Glaube, die spezifische Reihenfolge der Buchstaben, die den biblischen kanonischen Text ausmachen, habe überragende Bedeutung, steht implizit in der Bibel und explizit auf vielerlei Weise in der rabbinischen Literatur. Diese Haltung, die in Zusammenhang mit der Frage der Bewahrung der Textbedeutung steht und sich mit den historischen und ritualistischen göttlichen Geboten befaßt, kommt im Sefer Jezira nicht zum Ausdruck. Dort wird von einer Technik der Kombinationen oder Permutationen der hebräischen Buchstaben als dem wichtigsten Verfahren bei der Erschaffung der Welt durch Gott und der eines Geschöpfes durch den Menschen gesprochen. Anscheinend gilt die bedeutungslose Kombination zweier Buchstaben als machtvoller denn die konventionelle Buchstabenfolge in der Normalsprache. Diese Haltung der Sprache gegenüber hatte tiefe Wirkung auf die spätere jüdische Mystik, Magie und Hermeneutik.

Man sollte also beachten, daß es trotz dieser wichtigen Divergenzen zwischen der biblischen und rabbinischen und der im *Sefer Jezira* geäußerten Ansicht keine Belege dafür gibt, daß der Autor, oder die Autoren, ihre Haltung in Opposition zu früheren Vorstellungen formuliert haben. Ich würde sagen, ein anderes spirituelles Muster, das den Hauptgedankengang in diesem Buch formierte, bringt sich in einer nicht-kontroversen Weise zum Ausdruck.

Viele wichtige Typen der jüdischen mittelalterlichen Spekulationen haben versucht, sich in den Inhalt der wenigen Seiten dieses Buches hineinzulesen, gerade wie sie es mit der Bibel, mit liturgischen oder anderen kanonischen jüdischen Texten getan haben. In dieser Hinsicht sollte das Buch sowohl als Sprungbrett für manche Ideen verstanden werden, die sich im jüdischen Denken während der Jahrhunderte entwickelten, wie auch als Testschrift für spätere Ideen, die in die Zeilen des Textes hineingetrieben wurden. Auf diese überragende Bedeutung des Buches hat David Neumark hingewiesen, der betonte, daß das *Sefer Jezira* sowohl für die jüdische Philosophie als auch für die jüdische Mystik formativ war.[3] Tatsächlich haben die frühesten jüdischen mittelalterlichen Philosophen wie Sabbatai Donnolo,[4] Saadja Gaon,[5] Isaak Israeli in der von

---

[3] Siehe David Neumark, Geschichte der jüdischen Philosophie des Mittelalters, 3 Bde., Berlin 1907–1928, Bd. I, S. 116f., 131f., 182f.

[4] Siehe Elliot R. Wolfson, „The Theosophy of Sabbetai Donnolo, with Special Emphasis on the Doctrine of Sefirot in His Sefer Hakhmoni",in: Jewish History, 6 (1992), S. 281–316.

[5] Siehe Haggai Ben-Shammai, „Saadya's Goal in his Commentary on Sefer Yezirah", in: A Straight Path, Studies in Medieval Philosophy and Culture: Essays in Honor of Arthur Hyman, hrsg. von R. Link-Salinger, Washington D.C. 1988, S. 1–9.

Dunasch ibn Tamim erhaltenen Version,[6] Salomon ibn Gabirol,[7] Jehuda Halevi,[8] Jehuda ben Barsilai Barceloni[9] oder Abraham ibn Esra[10] entweder einen Kommentar zu dem Buch verfaßt oder sind wesentlich von ihm beeinflußt worden. Daß über die Existenz dieses Traktats im gesamten Maimonides geschwiegen wird, sollte nicht als Zeichen der Unkenntnis verstanden werden, sondern als Versuch, ihn implizit zu verwerfen. Die aschkenasischen Pietisten des 12. und 13. Jahrhunderts wie Rabbi Jehuda der Chassid und Rabbi Eleasar aus Worms haben wichtige, bis zu einem gewissen Grad von ihren philosophischen Vorgängern beeinflußte Kommentare geschrieben. Noch faszinierter von seinem Inhalt waren die Kabbalisten, die seit den allerersten Anfängen der Kabbala eine lange Liste von Kommentaren beigesteuert haben: Isaak der Blinde in der Provence,[11] Esra und Asriel von Gerona und Nachmanides in Katalonien,[12] Rabbi Jakob ha-Kohen von Segovia, Kastilien,[13] Abraham Abulafia in Italien,[14] und Rabbi Josef ben Schalom Aschkenasi, wahrscheinlich in Barcelona[15] (alle im 13. Jahr-

6 Siehe Georges Vajda, „Quelques notes sur le commentaire kairouanais sur le 'Livre de la Création'", in: Revue des Etudes Juives, 105 (1940), S. 132–140; ders., ebd., 107 (1946/7), S. 99–156, ders., „La structure du corps humain d'après le commentaire de Dunash Ben Tamim sur le 'Livre de la Création'", in: Journal of Semitic Studies, 23 (1978), S. 88–94.

7 Siehe Yehuda Liebes, „Rabbi Solomon ibn Gabirols Verwendung des Sefer Jezira und ein Kommentar zu dem Gedicht 'Ich liebe Dich'", in: Die Anfänge der Jüdischen Mystik im mittelalterlichen Europa, hrsg. von J. Dan, Jerusalem 1987, S. 73–124 (Hebräisch).

8 Kuzari, III, 7; IV, 25–27; V, 14, und R. Jospe, „The Superiority of Oral over Written Communication: Judah ha-Levi's Kuzari and Modern Thought", in: From Ancient to Modern Judaism: Intellect in Quest of Understanding. Essays in Honor of Marvin Fox, hrsg. von J. Neusner, E. S. Frerichs, N. M. Sarna, Atlanta 1989, Bd. II, S. 131–133; Elliot Wolfson, „Merkavah Traditions in Philosophical Garb: Judah ha-Levi Reconsidered", in: Proceedings of the American Academy for Jewish Research, LVII (1990–1991), S. 194f. und 204f.

9 Perusch Sefer Jezira, hrsg. von S. J. Halberstam, Berlin 1895.

10 Sein Kommentar ist nicht erhalten, ist aber 1270 von Abraham Abulafia studiert worden. Siehe Adolph Jellinek, Beth ha-Midrasch, 1895, Bd. III, S. XLII.

11 Gedruckt als Anhang zu Gershom Scholems Vorlesungen Ha-Kabbalah be-Provence, hrsg. von R. Shatz, Jerusalem 1963, S. 1–18.

12 Abgedruckt in Gershom Scholem, Perakim le-Toldoth Sifruth ha-Kabbalah, Jerusalem 1931, S. 102–111.

13 In Handschriften wurde dieser Kommentar von Dr. Daniel Abrams identifiziert, der auch eine kritische Edition vorbereitet.

14 Abulafia schrieb mindestens drei verschiedene Versionen eines Kommentars zu Sefer Jezira. Eine trägt den Titel Gan Na'ul, die andere 'Ozar 'Eden Ganus, eine weitere wurde von Yisrael Weinstock publiziert: An „Anonymus" Commentary on Sefer Yetzirah, Stemming from Abraham Abulafia, Jerusalem 1984.

15 Zu ihm und seinen Werken, siehe Scholem, Perakim, a. a. O., S. 2–17 und 44–46.

hundert); Meir ibn Abu Sahula, Isaak von Akko[16] und Samuel ibn Motot im 14. Jahrhundert; Salomo Turiel und Moses Cordovero in Safed im 16. Jahrhundert[17] oder Rabbi Elija, der Gaon von Wilna, im späten 18. Jahrhundert, um nur einige der wichtigsten Kommentatoren dieses Traktats zu nennen.

Ich möchte die wesentlichen Themen, die in engem Zusammenhang mit dem *Sefer Jezira* stehen, herausgreifen: Eines der wichtigsten Themen in der jüdischen Magie, die Erschaffung des Golem, des künstlichen Anthropoiden, wird von den mittelalterlichen Meistern, die sich damit beschäftigen, immer in Verbindung mit dem *Sefer Jezira* wie auch mit einem Abschnitt im Babylonischen Talmud, Sanhedrin 65b, dargestellt. Zwar sind die Gelehrten hinsichtlich der Möglichkeit, daß die Erschaffung des Golem bereits im Sefer Jezira impliziert ist, geteilter Meinung, doch ist offensichtlich, daß das wichtigste Verfahren bei der Erschaffung des Anthropoiden, nämlich die Vertauschung der Buchstaben, aus diesem Buch stammt. Meiner Meinung nach wird schon auf die Vorstellung von der Erschaffung eines Menschen hingewiesen, wenn das Buch erwähnt, daß Jezur von Gott mit Hilfe der Buchstaben erschaffen wurde, ein Ausdruck, der so verstanden werden kann – und auch von manchen Gelehrten so verstanden wurde –, als bedeute er Geschöpf, der aber auch, wie mancher alte hebräische Text zeigt, Mensch bedeuten kann. Daher hinterließen die 231 (oder nach einer anderen Version die 221) Kombinationsmöglichkeiten von zwei Buchstaben, die in den von den mittelalterlichen aschkenasischen Mystikern und spanischen Kabbalisten verfaßten Abhandlungen vorkommen, unauslöschliche Wirkung auf die jüdischen magischen Praktiken und Spekulationen.[18]

In der zweiten Hälfte des 13. Jahrhunderts hat Abraham Abulafia, dessen ekstatische Kabbala dem *Sefer Jezira* viel verdankt, eine Technik zur Erlangung einer mystischen Erfahrung formuliert, bei der diese Buchstabenkombinationen rezitiert werden.[19] Wie er ausdrücklich einräumt, hat er seine kabbalistischen Studien in Barcelona damit begonnen, sich in zwölf Kommentare zu diesem Buch zu versenken.[20] Auch eine

---

16 Abgedruckt in: Gershom Scholem, „Rabbi Isaac of Acre's Commentary on Sefer Yetzirah", in Kirjath Sefer, 31 (1956), S. 379–396.

17 Erst vor kurzem, 1989, in Jerusalem im Druck erschienen, zusammen mit einigen früheren Kommentaren, die bereits von Scholem publiziert worden waren, ohne daß sein Anteil an der Entdeckung und der Publikation dieser Texte erwähnt wird.

18 Siehe Moshe Idel, Golem, Jewish Magical and Mystical Traditions on the Artificial Anthropoid, SUNY, Albany 1990, S. 9–25 und 54–95.

19 Siehe ebd., S. 96–104; ders., The Mystical Experience in Abraham Abulafia, SUNY, Albany 1988, S. 22–24.

20 Siehe auch Jellineks Liste der von ihm studierten wichtigen Bücher, die in der Erwähnung des „Sefer Jezira selbst" kulminiert, was impliziert, daß dies das sublimste Buch ist, das er studiert

Form der Lurianischen Theosophie aus dem späten 16. Jahrhundert, die detailliert in den Schriften von Rabbi Israel Sarug zum Ausdruck kommt, stellt diese 231 Buchstabenkombinationen ganz an den Anfang des Emanationsprozesses, und aus ihnen oder in ihrem Bezirk im göttlichen Bereich entsteht der übermenschliche *anthropos, Adam Kadmon*.[21]

Die theosophischen Kabbalisten, nämlich jene Mystiker, die die Existenz der manifesten im Gegensatz zur verborgenen Gottheit in der Form einer aus den zehn *Sefirot* gebildeten anthropomorphen Struktur annahmen, haben ebenfalls einige Formulierungen aus dem *Sefer Jezira* ausgebeutet; es wäre undenkbar, diese Hauptströmung der Kabbala ohne den terminologischen und in gewisser Weise auch begrifflichen Anteil dieses Buches zu beschreiben.[22] Wir können daher mit Sicherheit davon ausgehen, daß wesentliche Aspekte der jüdischen Magie, Mystik und Theosophie sich explizit auf Diskussionen in diesem Buch beziehen.

---

hat; vgl. den Brief, der in A. Jellinek, Philosophie und Kabbala, Leipzig 1854, Erstes Heft, S. 21, abgedruckt ist.

21 Siehe Idel, Golem, a. a. O., S. 148–154.

22 Siehe Gershom Scholem, Origins of the Kabbala, a. a. O., S. 33–35; ders., Zur Kabbala und ihrer Symbolik, a. a. O., S. 229–234; Ithamar Gruenwald, „Jewish Mysticism's Transition from Sefer Yesira to the Bahir", in: Die Anfänge der jüdischen Mystik im mittelalterlichen Europa, a. a. O., S. 15–54 (hebräisch).

Wilhelm Schmidt-Biggemann

Das Buch Jezira in der christlichen Tradition

1. Philosophia perennis

Die Geschichte des Sefer Jezira im Christentum ist ein Kapitel in der Geschichte der Konzeption der Philosophia perennis. Philosophia perennis[1] ist die in der Spätantike entwickelte und in der italienischen Renaissance durch den vatikanischen Bibliothekar Agostino Steuco 1530 auf den Namen gebrachte Konzeption einer Philosophie im monotheistischen Rahmen. Sie begriff sich als konstitutiv für Judentum, Christentum und Islam gleichermaßen. Es war die Konzeption von Philosophie, die die Konvergenz von philosophischer Erkenntnis und Offenbarung in den drei großen Religionen voraussetzte: und die entscheidende Konzeption für alle drei Religionen war die Schöpfungstheologie. Die Schöpfungstheologie implizierte den Gottesbegriff und eo ipso die Endlichkeit der Welt; ihren Anfang und die Möglichkeit ihres Endes. Dieser philosophisch-theologische Rahmen, der durch die Schöpfungserzählung, das Siebentagewerk der Genesis als Offenbarung bezeugt war, konnte aus der platonischen Philosophie gestützt werden: zumal die Interpretation des platonischen *Timaios* einen Rückhalt für eine philosophische Schöpfungstheorie bot. Die Schöpfung der Welt als bewegtes Abbild der unbewegten Ideen konnte als die philosophische Variante der ursprünglicheren Offenbarung interpretiert werden; das war seit Philo von Alexandrien und seiner Rezeption durch die christlichen Kirchenväter, das war aber vor allem seit Calcidius' weitverbreitetem Kommentar zum *Timaios* Gemeingut der christlichen Schöpfungsinterpretation.

Wie konnte man sich eine philosophische Interpretation der Schöpfung vorstellen? Die platonische Vorlage der neuplatonischen Interpretation der Schöpfungstheologie bot einen Anhaltspunkt in der Ideenlehre. Wenn die Welt Abbild göttlicher Ideen war, dann mußte die Welt in zwei Etappen geschaffen worden sein: Die erste Etappe war die Bildung der Ideen im Gedanken Gottes, das war die innere Schöpfung, die zweite Etappe war die Verwirklichung der Ideen in der äußeren Schöpfung. Für diese Interpretation der Schöpfung gab es eine gute Textgrundlage im Anfang des Buches Gene-

1 Vgl. Charles B. Schmitt, „Perennial Philosophy: From Agostino Steucho to Leibniz“, in: Journal of the History of Ideas 27 (1966), S. 505–532.

sis. „Im Anfang", heißt es da, „schuf Gott Himmel und Erde." Und im Anschluß an diesen Anfangssatz wird dann das Sechstagewerk – am siebten Tage ruhte er – im einzelnen beschrieben. Daraus ließ sich der Schluß ziehen, der sich z. B. bei Augustinus im 12. Buch der Konfessionen findet, daß Gott zunächst die Welt bei sich konzipierte und dann dieses Konzept, das er bei sich hatte, durch sein Wort ins Faktum umsetzte.

Es liegt in der Logik dieser Argumentation, daß damit das wichtige Geschehen nicht in den Akt der Entäußerung Gottes in die äußere Schöpfung, sondern in die Konzeption der Schöpfung verlagert wird. Aber damit beginnt der Gottesbegriff dynamisiert zu werden. Denn jetzt muß erklärt werden, wie sich der Gottesbegriff zu der Konzeption seiner Schöpfung verhält. Es entsteht also die Frage, was Gott „selbst" ist, „ehe" er die Schöpfung, also seine Offenbarung konzipierte, und was die Konzeption der Offenbarung war. Diese Frage hatte ihre eigene Dynamik. Es erwies sich nämlich, daß das geschöpfliche Reden über Gott nur aufgrund der Offenbarung möglich ist, daß Gott nur durch die Prädikate, die er geoffenbart hat, gefaßt werden kann. Nach der Kapazität des geschöpflichen Denkens ist er schließlich unerkennbar. Dieser Gedanke hatte eine dreifache Valenz: eine theologische, eine philosophische und eine historische.

1. Die theologische Valenz war, daß man von göttlichen Prädikaten reden mußte, wie sie offenbart waren, aber nur nach der Maßgabe geschöpflicher Unzulänglichkeit. Die positive Lehre von den göttlichen Prädikaten setzte die negative Theologie der eigentlichen Unprädizierbarkeit Gottes voraus. In diesem Verhältnis von positiver Offenbarung und negativer Theologie war ein Element neuplatonischer, zumal proklischer Theologie konserviert. Seit der Übersetzung von Pseudo-Dionysius Areopagitas Buch von den göttlichen Namen und seiner negativen Theologie durch den karolingischen Philosophen und Theologen Eriugena war dieser Gedankengang dem christlichen Abendland präsent.

2. Die philosophische Konsequenz war, daß sich die Frage danach stellte, wie denn der Ausgang des einen Gottes aus sich selbst in die Vielheit seiner Offenbarung zu denken sei, es stellte sich also die Frage nach dem Verhältnis von Einheit und Vielheit. Der Hintergrund war die Metaphysik des Einen, wie sie sich in Platos Parmenides zeigte, es war zugleich die pythagoräische Frage nach dem Wesen der Harmonie und der Zahlen. Da das Andere, die Zwei, Voraussetzung von Veränderung war, war Zahl der Index für Zeit. Zahl war die Ordnung, die vieles als eines fassen konnte. So wurde in pythagoräischer Tradition die Zahl die Form der Schöpfung selbst. Die Zahl war damit von der Entstehung und der Ordnung der spirituellen und der realen Welt nicht zu trennen. Für diesen Gedanken standen im christlichen Altertum der heidnische Autor Calcidius mit seinem pythagoräischen Kommentar zu Ciceros *Somnium Scipionis*.

3. Die historische Konsequenz der Fragen nach dem verborgenen Gott, der nur durch seine Offenbarung zugänglich war, bestand in der Folge eben dieser Positivität

der Offenbarung. Wo alles, sogar die Zahlen, offenbarter Wille Seiner Majestät war, hatte Seine Offenbarung in den biblischen Büchern besondere Valenz. Es war die Offenbarung über die natürliche, auch den „Heiden" zugängliche Offenbarung hinaus, und diese Offenbarung bestand im Gehalt der heiligen Schriften. Für Juden, Christen und Muslime war die Tradition der Offenbarung gleichermaßen heilig. Vom christlichen Standpunkt wurde sie durch das Neue Testament auf ihre Pointe, auf die dogmatischen Vorgaben der Trinitätslehre, hin begriffen. Diese Offenbarung Gottes in der Geschichte war durch den adamitischen Sündenfall verdunkelt; für die Christen war sie durch Christus aufgehellt, nach paulinischer Theologie hatte Christus selbst durch sein Leben und Sterben den Schleier vom Alten Testament entfernt, und das Alte Testament war typologisch auf Christus hin zu lesen.

Das war derselbe Christus, der – nach dem Prolog des Johannes-Evangeliums – schon im Anfang als Wort bei Gott war. Mit der dogmatischen Fixierung der Christologie in der Trinitätstheologie endete – das versteht sich von selbst – die gemeinsame Offenbarungsbasis der großen monotheistischen Religionen. Im Christentum setzt mit der typologischen Interpretation des Alten Testaments auf Christus hin und mit der Adaption der griechischen Weisheit als Vor-Wissen der im Christentum endgültig geoffenbarten Wahrheit eine Assimilation jüdischer Offenbarung und christlicher Philosophie[2] ein, die die Fluchtpunkte jeder philosophisch-theologischen Argumentation so bestimmte: Alle Offenbarung zielt auf die Offenbarung der Trinität Gottes, die durch Christus manifest geworden ist. Diese Selbstoffenbarung Gottes in Christus restituiert den Sündenfall. So, wie durch das Wort Gottes geschaffen wurde, wie dasselbe Wort Fleisch geworden ist, so wird auch das Wort als Wissen um das Wesen der Welt diese Welt paradiesisch restituieren. In diesen Rahmen der Philosophia perennis, wie er in der christlichen Antike gefunden wurde und wie er sich mittelalterlich – nicht in der scholastisch-aristotelischen, sondern in der neuplatonischen Tradition zwischen Eriugena, Lullus, Roger Bacon, Meister Eckhardt, Nicolaus von Cues – verstärkte, verlief die christliche Rezeption der jüdischen Mystik in der Frühen Neuzeit; von Pico und Reuchlin bis zu Kleuker und Molitor[3]. Und das gilt auch für die Tradition des *Sefer*

2 Siehe z. B. Justinus Martyr, Cohortatio ad Gentiles; Eusebius, Praeparatio Evangelii. Wenn es stimmt, wie Scholem vermutet, daß das Sefer Jezira zwischen dem 3. und 6. Jahrhundert in Palästina entstanden ist, gibt es keinen Grund, an seiner neuplatonisch-pythagoräischen Denkweise zu zweifeln; vgl. Gershom Scholem, Kabbalah, Jerusalem 1974, S. 27. Dort stellt er auch fest, daß das Sefer Jezira seit dem 10. Jahrhundert in zwei Versionen überliefert ist.

3 Giovanni Pico della Mirandola, Conclusiones sive Theses DCCCC, hrsg. von Bodhan Kieskowski, Genf 1973.
Johann Reuchlin, De Verbo Mirifico 1494; De arte cabalistica 1517, ND, Stuttgart-Bad Cannstadt 1964.

Jezira. Diese Tradition machte es überhaupt möglich, die altjüdischen Schriften als kabbalistische Schriften zu rezipieren und christlich zu deuten. Die trinitarische Ausrichtung der Philosophia perennis blieb zugleich kennzeichnend für das Spannungsverhältnis zwischen jüdischen und christlichen Kabbalisten.

2. Die lateinischen Editionen und Kommentare des Sefer Jezira

Die Geschichte des 'Buches der Schöpfung' in der christlichen Tradition hängt natürlich von den Übersetzungen ab. Als Grundlage einer Rezeption spielen die drei lateinischen Ausgaben des 16. und 17. Jahrhunderts eine entscheidende Rolle:

1.Guillaume Postels gründlich kommentierende und christlich-mystisch interpretierende Ausgabe *Abrahami Patriarchae Liber Jezira, siue Formationis mundi, Patribus quidem Abrahami tempora praecedentibus reuelatus, sed ab ipso etiam Abrahamo expositus Isaaco, & per Profetarum manus posteritati conseruatus, ipsis autem 72. Mosis auditoribus in secundo diuinae veritatis loco, hoc est in ratione, quae est posterior authoritate, habitus, Paris 1552.*

2. Die unkommentierte Übersetzung, die sich in dem verbreiteten großen Sammelband von Pistorius findet: *Artis Cabbalisticae: hoc est reconditae Theologiae et Philosophiae scriptorum: Tomus I*[4]. Die Übersetzung des Sefer Jezira findet sich S. 869–872: *Liber de Creatione, Cabalistinis, Hebraicè sepher iezirah, avthore Abrahamo. Succesßiuè filijs ore traditus. Hinc iam rebus Israel inclinatis ne deficeret per sapientes Hierusalem arcanis & profundißimus sensibus literis commendatus.* Der Übersetzer ist unbekannt, gelegentlich wird die Übersetzung Reuchlin zugeschrieben, gelegentlich dem jüdischen Konvertiten Paolo Ricci[5], der Arzt Maximilians I. war und dessen gesamtes christlich-kabbalistisches Werk in diesem Bande gesammelt ist: Das Sefer Jezira ist gemeinsam abgedruckt mit Riccis vier Büchern *De coelesti Agricultura*, mit Riccis

Johann Friedrich Kleuker, Über die Natur und den Ursprung der Emanationslehre bei den Kabbalisten, Riga 1786.
Franz Joseph Molitor, Philosophie der Geschichte oder über die Tradition, Frankfurt 1827.

4 Artis Cabbalisticae: hoc est reconditae Theologiae et Philosophiae scriptorum: Tomus I. In quo praeter Pauli Ricci Theologicos & Philosophicos libros sunt Latini penè omnes & Hebrai nonnulli praes. antißimi Scriptores, qui artem commentarys suis illustrarunt. Opus Omnibus Theologis, et occultae abstrusaeq've philosophiae Stvdiosis pernecessarium: & hactenus à clarissimis multis uiris magno desiderio exspectatum. Ex D. Ioan S. Pistorii, Nidani Med. D. et Mirchionum Badensium Consiliarij Bibliotheca. Catal. pons Audiorum post Praefationem appositus est. Cum gratia & Priuilegio Caesareae Maiest. (Basel 1587).

5 Zu Ricci vgl. Heinrich Graetz, Geschichte der Juden, Bd. 9, Leipzig 1866, S. 193f.

Übersetzung der *Porta Lucis* des Rabbi Josef Castiliensis (d. i. Josef Gikatilla[6]), Leone Hebraeos Dialog *De Amore*, Reuchlins *Ars Cabbalistica* und *De Verbo Mirifico*, schließlich mit den *Interpretationes selectiora obscurioraque Cabbalistorum dogmata* des Franziskaners Archangelus de Burgonovo.

3. Die Übersetzung von Rittangel: *Liber Jezira, qui Abrahamo Patriarchae adscribitur, unà cum Commentario Rabbi Abraham F. D. super 32 Semitis Sapientiae, a quibus liber Iezirah incipit. Translatus et Notis illustratus à Joanne Stephano Rittangelio. Ling. Orient. in Elect. Acad. Regiomontana Prof. Extraord. Amsterdam 1613.*

Postels Übersetzung des Sefer Jezira von 1552 ist die erste gedruckte Ausgabe des Buches überhaupt. Sie ist begleitet von einem ausführlichen, spekulativen Kommentar, der in wesentlichen Bereichen noch die Auffassung v. Meyers prägte, dessen deutsche Übersetzung hier abgedruckt ist. Postel ordnet das Sefer Jezira in die Tradition der jüdischen Geheimlehren ein und parallelisiert es mit der mosaischen Offenbarung. Dadurch bekommt dieses Buch eine Bedeutung, die es als gleichrangig mit der kanonischen mosaischen Offenbarung beurteilt und ihm zugleich Rationalität (d. i. die Möglichkeit einer neuplatonisch gedeuteten Schöpfungslehre) unterstellt. Diese Interpretation wird dann mit der Philosophia perennis, mit Pythagoras, Plato (dem *Timaios* und dem Kommentator Calcidius) und Cicero (*Somnium Scipionis* und dem Kommentar des Calcidius) kurzgeschlossen: „Itaque prima omnium Bariathoth est sefer Iezirah, & ideo rarisßimus inuentu & multo rarior intellectu liber, in quo totius Cosmopoeiae ratio est exposita, sed modo rationis: quum in Mose & sacris sit explicata per modum authoritatis. Itaque licet iam ab ipsa creatione mundi volitet per ora sapientium, & sit ante ter mille & quingentos annos ab Abrahamo expositus, tamen antequam authoritatis vi fuisset totis his tribus annorum millibus suasa Cosmopoeia, non fuit vllus qui posset revera tantum thesaurum orbi exponere. Quum itaque & in rebus humana ratione probandis & in religione receptis sit necessario praeponéda fides & pura credulitas rationis, sic diuina factum est prouidétia, vt in Platone, Pythagora, & Cicerone expositus in iis quae de natura et universitate tractarunt, hic liber penes suos delitesceret tandiu donec diuinitus per authoritatem & fidem puram sacra sunt exposita & recepta, vt nunc dux ratio nobis vna coniungat summa sapientiae anthistes cum sacra doctrina ratione.“[7]

6 Die Übersetzung erschien zuerst Augsburg 1516. Über die Einordnung dieses Werks in die jüdische Tradition s. Karl E. Grözinger, „Reuchlin und die Kabbala“, in: Reuchlin und die Juden, hrsg. von Arno Herzig u. Julius H. Schoeps in Zus.-Arb. mit Saskia Rohde, Sigmaringen 1993, S. 177.

7 Liber Jezira, hrsg. von Postel, Paris 1552, S. 25f. (die Seiten sind ungezählt, ich habe sie durchnumeriert). B III, 3 r.v. Zu Postels Kabbala-Konzeption: Peter Klein, Am Anfang war

Postel identifiziert die jüdische Geheimlehre und damit auch das Sefer Jezira mit der Kabbala. Für diese Einordnung des Sefer Jezira in die kabbalistische Tradition – die heute nicht üblich ist, weil das Sefer Jezira und die 32 Wege zur Weisheit als antike jüdische Philosophie gedeutet werden – ist wohl schon die Vorlage von Postels Übersetzung verantwortlich, die den ersten Abschnitt des ersten Kapitels (nach v. Meyers Ausgabe S. 6) mit einer Ergänzung wiedergibt: Der letzte Satz dieses Abschnitts lautet in Postels Übersetzung: „Numerans, numerus, numeratum (vbi sunt 10 elementa) sunt 10 Sefiroth."

Damit ist die Interpretation der arithmetisch-pythagoräischen Zehn auf zehn Sefiroth festgelegt – und in dieser Tradition mußte das Büchlein als ein Hauptbuch der Kabbala interpretiert werden.

Buchstaben – das ist ja ein Sinn des Sefer Jezira – treten in doppelter Funktion auf: sie sind Zahlzeichen und Buchstaben. In beiden Funktionen gelten sie als Elemente der Schöpfung, als Ideen: „Constat enim antequam res in se essent, fuisse in suis formis & numeris apud Deum dispositas per Ideas" (S. 27). Diese Ideen stellt sich Postel in neuplatonischer Tradition als geistige Prägeformen vor, durch die die Welt geformt wird: „Nam literae sunt creationis mundi instrumentum, & sapientiae Dei sigilla, vnde opus est per voces aut nomina diuinis literis constantia" (S. 29).

Diese schöpfungstheologische Interpretation wird mit pythagoräischen, kosmologischen Spekulationen stabilisiert: Die 10 Sefirot werden als kosmische Sphären interpretiert: eine 8. und eine 9. Sphäre wird vor der Fixsternsphäre, der 10., eingeschoben[8]. Weil aber für Postel feststeht, daß die Zahl π, das Verhältnis von Umfang zu Radius eines jeden Kreises, als Bruch 22 : 7 ergibt, ist das auch die Schlüsselzahl zur Erkenntnis des Himmels. Gemeinsam mit den kosmologisch interpretierten Sefirot ergibt sich die Zahl 32: „Sunt itaque illa duae & triginta viae quibus Deus in haec inferiora postquam facta sunt agit" (S. 32, Komm. C).

Aus dieser Spekulation zeigt sich bei Postel auch die Besonderheit der Zahl drei, die er immer wieder findet: Zunächst in der Bestimmung des 1. Kapitels, Abschnitt 1: Zahl, Zähler und Gezähltes (numerans, numerus, numeratum). Die 10 Sefirot teilen sich für ihn in 3 und 7 auf, die 7 hat kosmische Valenz aus dem Verhältnis $22:7 = \pi$. Zugleich hat die Drei die Besonderheit, daß in ihr die Schöpfung in ihrer innersten

---

das Wort. Theorie- und wissenschaftsgeschichtliche Elemente des frühneuzeitlichen Sprachbewußtseins, Berlin 1992.

8 „De octava sfaera quae singulis 106 annis movetur uno gradu demonstratum est. In nona Sfera motus titubationis clarissime es quum ab aliis tum certissime a Thebito Bencoratio Arabe demonstratus" (ebd. S. 31). Zum Zusammenhang: Grözinger, Reuchlin und die Kabbala (vgl. Anm. 6).

triadischen Struktur aufscheint[9], daß die Drei die Einheit der Verschiedenheit ist, die Zahl der Harmonie. In drei Gruppen wird das Alphabet eingeteilt: In die sieben Doppelten, die drei Mütter, und die 12 Einfachen (S. 38).

Die entscheidenden trinitarischen Abschnitte sind die Abschnitte 8, 9 und 10 des ersten Kapitels. Postel übersetzt nach seiner, von v. Meyer abweichenden Vorlage: „Verbum autem eius est in ipsis, dum currunt & redeunt (das ist die Kraft Gottes in der Bewegung der Sphären), & propter eius imperium instar turbinis persequuntur, & ante thronum eius sunt procumbentes decem Sephiroth Belimah. (Das ist eine Verbindung von Merkaba-Mystik und Kosmologie.) Vnus est spiritus Dei viui, benedicti & benedicentis benedictique nomine suo, qui est vita seculorum: Vox & spiritus & locutio. Vox est spiritus sanctus, qui consurgit spiritus ex spiritu, cum quo ordinauit & figuris suis expressit duas & viginti literas fundamenti. Tres sunt matres, septem duplices, & duodecim simplices, ex quibus ipsis spiritus vnus est" (S. 16).

Das erste Wort, das hin- und hereilt unter den Dingen, der – wie es später bei Böhme heißt – merkuriale Geist, ist nach Postels Kommentar der von Gott ausgehende Geist, der sich der Welt schenkt, um als Lob und Ehre Gottes zurückzukehren. „Nam spiritus est ante vocem, & vox ante verbum. Verbum itaque Dei est impactum in illis 10 primis, vt omnia ordinentur vt in finem, & fiant ut in locum. Currere est rebus ipsis Essentiam cooperandi ipsi Deo, largiri. Recurrere est omnium referre soli Deo laudem & gloriam, tanquam soli creationis arbitro" (S. 43f.).

Die trinitarisch wichtigste Stelle ist für Postel „Vnus est spiritus Dei viui, benedicti & benedicentis benedictique nomine suo, qui est vita seculorum"[10], die er als innergöttliche Entsprechung der außergöttlichen geschaffenen Kraft, Weisheit und Güte interpretiert und damit ganz auf die christliche Trinität deutet: „Licet mutuo poßint agere Potentia infinita & sapientia infinita cum Beneuolentia infinita, vti sunt Deus vnus in Trinitate, & Trinus in vnitate, & mutuo sibi benedicunt et benedicuntur, ita vt ista poßint intelligi de Natura increata, tamen de sacrosanctis Sapientiae creatae & increatae consubstantialiter vnita actionibus intelligi opportet, eò quòd motum particularem mundus desyderat" (S. 44).

---

9 Christliches Muster dieser Argumentation: Augustin, De Trinitate. „Quum enim sit à Deo institutum, vt res omnes & singulae virtute vnitatis siue Potentiae Diuinae omnia complectentis recipiant in se vnitatem & numeri rationem antequam in se sint, & antequam esse ab intellectu numeratore cognoscantur, diuinitus etiam hoc factum est, vt Intellectus noster non possit vllius substantiae cognitionem capere, nisi prius Numerus omnem in eo cognoscendi viam praecesserit, vnde cogimur dicere, vidi vnum, Duo, Tres, aut plures homines &c." (Sefer Jezira, hrsg. von Postel, S. 36f.).

10 Dieser Satz findet sich in v. Meyers Ausgabe nicht, er stände sinngemäß am Ende des ersten Kapitels; bei Postel S. 16.

Die letzte Triade ist die Dreiergruppierung des hebräischen Alphabets in drei Mütter, sieben doppelte und zwölf einfache Buchstaben, die aber eines Geistes seien.

Diese Dreiergruppierung deutet Postel als dreifache Emanation des Geistes: erstens des Heiligen Geistes, der zweitens den geschaffenen Geist des Verstandes inspiriert, und drittens die Kraft des Wortes ist, die die Dinge in der Schöpfung zum Sein rief. Diese Kraft wohnt – etwa in der Kraft des Befehls – noch den menschlichen Worten abgeschwächt inne.[11]

Wie weit Postels Edition und Interpretation gewirkt hat, ist schwer abzuschätzen. Sie ist die spekulativste Deutung des Sefer Jezira unter allen christlichen Kabbalisten, sie enthält alle Elemente, die später vor allem bei Fludd eine Rolle spielten. Auch für den Kommentar von v. Meyer, der hier neu abgedruckt ist, war sie noch ganz unentbehrlich. Im 17. Jahrhundert wurde sie von Rittangels Edition abgelöst; aber auch Rittangel richtete sich nach der von Postel festgelegten Interpretation der 10 als Sefirot und damit auch nach der trinitarischen Interpretation der ersten drei Sefirot.

Alle christlichen Kabbalisten hielten das Programm bei, das Giovanni Pico della Mirandola in den *Conclusiones DCCCC* 1487 vorgegeben und Johannes Reuchlin in *De Arte Cabbalistica* 1517 eingelöst hatte, indem er die jüdische Literatur christlich legitimierte: In der Kabbala lag der Typus der Trinität verborgen.

Die weitere bedeutende lateinische Ausgabe des Sefer Jezira stammt von Johann Stephan Rittangel, einem konvertierten Juden wohl, der Linguist und Orientalist an der Universität Königsberg war: *Liber Iezirah, qui Abrahamo Patriarchae adscribitur, unà cum Commentario Rabbi Abraham F. D. super 32 Seminis Sapientiae, à quibus liber Iezirah incipit. Translatus & Notis illustratus à Joanne Stephano Rittangelio. Amsterdam 1643.*

In seinem hebräisch-lateinischen Prolog beschreibt er seine apologetische Absicht: Er wolle darlegen, welches das sicherste Fundament unseres Glaubens sei, sozusagen als Festung gegen alle Angriffe „veram nostram religionem impugnantes". Dieses Buch, das er herausgebe, das Sefer Jezira und die 32 Wege zur Weisheit, gebe er „et ad maiorem horum mysteriorum elucidationem loca quaedam ad hoc institutum nostrum facientia, tam ex lege divinâ (Mosi Viro Dei Principi Prophetarum in monte Sinai traditâ) aliorumque Prophetarum libris; quam ex antiquiorum (qui vera scientia imbuti & celebri fuere) scriptis & fragmentis, in thesauris librorum meorum repositis & obsignatis, adjeci; hoc ipsum iam tanquam clavem et prodromum in universam Hebraeorum Theologiam praemittens, ut secuturis difficilioribus via sterneretur." Wie bei allen christlichen Interpretationen geht es auch Rittangel um die trinitarische Deutung

11 „Nam primus spiritus, spiritus inspirationis est, secundus quae est spiritus ex spiritu, Est vobis, quae non nisi a spiritu antea moto potest generari. Tertius est in articulata & Elementis suis formata voce, vbi unus Dei spiritus qui est verbum Dei, residet" (S. 47).

der Zehnzahl, die er wiederum als Sefirot interpretiert und ohne Umschweife sehr viel konkreter als Postel mit den ersten drei Sefirot kurzschließt: Bei ihm werden Corona, Intelligentia und Sapientia als die Zahlen 1, 2 und 3 identifiziert und zugleich trinitarisch interpretiert: „Ideoque summoperè observandum est, has tres superiores NVMERATIONES Intellectuales, primordiales esse & coaeternas, simulque infinitatis & inacceßibilis abyßi Deitatis censeri oracula: quoniam SAPIENTIA quae sacrosanctum CORONAE SUMMAE templum inclusa inhabitat, à quo etiam ad omni aeternitate ineffabili procedit generatione, ut nostri, vel emanat emanatione, ut Hebraeorum loquuntur Theologi, numquam à CORONA SUMMA, ut & INTELLIGENTIA, nec à SAPIENTIA nec à CORONA SUMMA, ulla detruncatione aut divisione sejungitur" (S. 7). Geradewegs identifiziert Rittangel den Beginn des Sefer Jezira mit dem 1. Kapitel des Sohar, das vom Anfang schlechthin und von der Theogonie der Gottheit handelt.[12]

Beide Interpretationen, sowohl die von Rittangel als auch die von Postel, bilden die Voraussetzung für die Edition des christlichen Kabbalisten v. Meyer, die in diesem Band nachgedruckt wird. Der übernimmt zwar nicht alle Spezifitäten Rittangels und nicht alle Spekulationen Postels, sieht sich aber in der Tradition Giovanni Pico della Mirandolas, der in seinen 900 Conclusiones kabbalistische Lehrsätze aufgestellt hatte, „secundum opinionem propriam, ex ipsis Hebreorum sapientum fundamentis Christianam Religionem maxime confirmantes"[13], und als Fortsetzer Reuchlins, der in den Gutachten über die jüdische Literatur dargestellt hatte: „Es ist kein Kunst, die uns mehr gewiß macht von der Gottheit Christi, dann Magia und Kabbala."[14]

---

12 Dazu G. Scholem, Die Geheimnisse der Schöpfung. Ein Kapitel aus dem kabbalistischen Buche Sohar, Frankfurt/M. 1971, S. 79.

13 Giovanni Pico della Mirandola, Conclusiones sive Theses DCCCC Romae anno 1486 publice disputandae, sed non admissae, hrsg. von Bodhan Kieszkowsi, a. a. O., S. 83; z. B. These 15 dieser Conclusiones Cabbalisticae: „Per nomen Iod, he, uahu, he, quod est nomen ineffabile, quod dicunt Deum dei filium per spiritum sanctum hominum factum, et post eum ad perfectionem humani generis super homines paraclytum descensurum."
Zum Zusammenhang unentbehrlich: Chaim Wirszubski, Pico della Mirandolas Encounter with Jewish Mysticism, Cambridge (Mass.)/London 1963, bes. S. 106–113: Christianizing Interpretations. Vgl. auch: Joseph L. Blau, The Christian Interpretation of the Cabala in the Renaissance, New York 1944.
F. Secret, Les Kabbalistes chrétiens de la Renaissance, Paris 1964.

14 Johannes Reuchlin, Gutachten über das jüdische Schrifttum, hrsg. von Antonie Leinz-v. Dessauer, Konstanz/Stuttgart 1965, S. 75. Vgl. G. Scholem, „Die Erforschung der Kabbala von Reuchlin bis zur Gegenwart", in: Judaica 3. Studien zur jüdischen Mystik, Frankfurt/M. 1970, S. 247–263; Karl E. Grözinger, Reuchlin und die Kabbala (vgl. Anm. 6).

3. Das Sefer Jezira in der christlichen Spekulation

Wegen der Vermischung der Sefirot mit der Zehnzahl im Sefer Jezira ist es nicht einfach, seine Rezeption im einzelnen zu fassen. Es ist deshalb sinnvoll, Topoi zu isolieren, die als Erkennungsmerkmal des Sefer Jezira gelten können. Dafür kommen in Frage einerseits die Zahl 32, also 22 Buchstaben + 10 Zahlen, und vor allem die Vorstellung der drei Mütter innerhalb des hebräischen Alphabetes. Seit Pico war es üblich, die christliche Deutung der Zehnzahl der Sefirot als 3 trinitarische und 7 extratrinitarische Prädikate zu fassen. Sofern beide Elemente – die „drei Mütter" des hebräischen Alphabets (Aleph, Mem, Schin) und die Zehnermystik – gemeinsam auftauchen, kann man wohl von einer Wirkungsgeschichte des Sefer Jezira sprechen, sei es direkt, sei es indirekt. Und gerade hier lassen sich die Traditionen und die Uminterpretationen der jüdischen Tradition in christliche am besten fassen. Postel hatte die Zahlensymbolik der 32 schon ausführlich behandelt: Sie setzte sich zusammen aus den 22 Buchstaben des hebräischen Alphabets und der Zahl 10. Da Buchstaben im Hebräischen wie im Griechischen zugleich Zahlzeichen sind, war es für ihn selbstverständlich, daß 32 Typen der Weltformung bestehen, denn das aus dem Nichts schaffende Wort Gottes hat als seine Elemente die Buchstaben, die seinen Sinn dokumentieren, und die Zahlen, die die Ordnung der Schöpfung ausmachen. Dieses war im Kommentar Postels breit dargestellt. Dieser Zusammenhang war historisch interpretierbar als Übertragung von pythagoräischer Zahlensymbolik auf das hebräische Alphabet insgesamt. Eine Art pythagoräischer Buchstabenordnung war so entstanden. Wie dieser Buchstabenpythagoräismus schöpfungstheologisch gedeutet wurde, hatte Postel dargestellt: Da Zahlen und Buchstaben als die elementarsten Muster der Sinnkonstitution von Welt gesehen wurden, galten sie gleichzeitig als Muster der Schöpfung im Gedanken Gottes, als seine ersten Ideen.

In diesem Sinn, als eine schöpfungstheologische Typologie des hebräischen Alphabets, hat Robert Fludd[15] das Sefer Jezira benutzt: Er hat vor allen Dingen das Motiv der drei Mütter Aleph, Mem und Schin, das schon Postel als ein wesentliches Moment der Schöpfungstheologie begriffen hatte, in einen großen kosmologischen Zusammenhang von 10 Himmeln gestellt. Hier nimmt Fludd offensichtlich Guillaume Postels Interpretation des Sefer Jezira auf. Freilich ist sein Himmel, wie die Abbildung I zeigt[16], noch komplizierter als der Postels. Bei ihm finden sich kabbalistische, aber

15 Zu Fludd siehe auch: W. H. Hufmann, Robert Fludd and the End of the Renaissance, London/New York 1988.

16 Aus: Medicina catholica, Seu Mysticum Artis Medicandi Sacrarium, In Tomos divisum duos. In Quibus Metaphysica Et Physica Tam Sanitatis tuendae, quam morborum propulsandorum ratio pertractatur, Frankfurt/M: William Fitzer, 1629, S. 181.

auch neuplatonische, aristotelische und christliche Motive in einem schwer überschaubaren Ordnungszusammenhang. Insgesamt ist sein kosmologisches Konzept kabbalistisch.

Seine Kosmologie beginnt mit der Bewegung schlechthin, das ist sein höchster, sein erster Himmel, dieser ist durch Aufgang, Steigerung, Stärke, Abstieg und Untergang

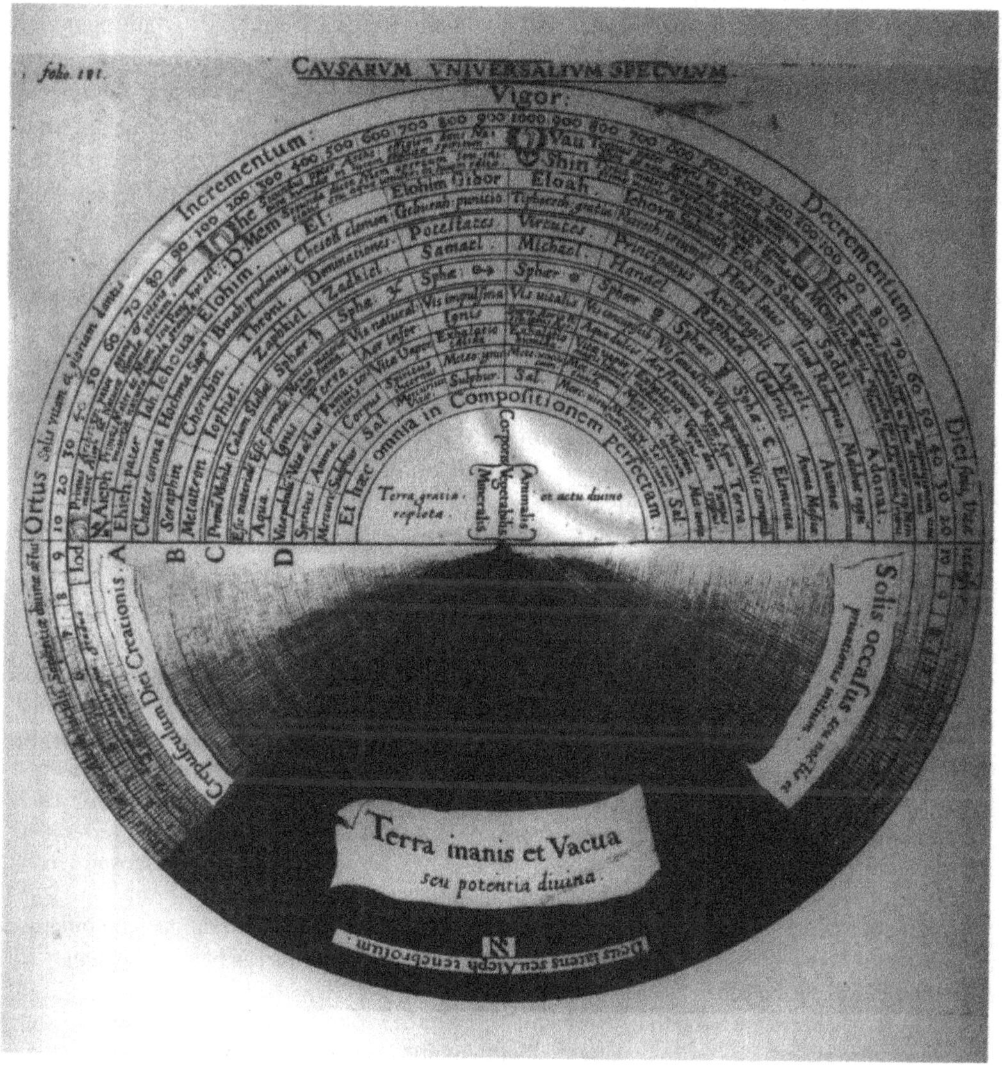

Abbildung I aus: R. Fludd, Medicina catholica, Frankfurt 1629

gekennzeichnet. Diese Bewegung ist durch den zweiten Himmel, durch den Zahlenhimmel, bestimmt. Das Tetragramm, das aus drei Buchstaben besteht, eben Jod, Heh und Vav, bildet den ersten Bereich der göttlichen Prädikate, den der göttlichen Namen. Diese Buchstaben symbolisieren den Auf- und Niedergang des Himmels, und sie sind durch die fruchtbare Feuchtigkeit, den väterlichen Samen, bestimmt. Diese väterlichen Buchstaben befruchten den weiblichen Teil des Alphabets, und hier erscheint das Motiv der drei Mütter: Aleph, Mem und Schin entsprechen als Mütter den väterlichen Buchstaben des Tetragramms. Aleph ist zugleich der Buchstabe des Anfangs, der alleine nichts ist und doch als Kehllaut allen anderen Buchstaben ihren Anfang verleiht. Auch dieses ein Motiv, das sich schon bei Postel fand. Aleph ist selber „inanis et vacua“, aber Anfang und Leben gebend. Das Aleph ist sozusagen die Null, mit der alles beginnt. „Alef est spiritus et fons prolationis“, schreibt Postel[17]. Aus der Befruchtung von Tetragramm und den Müttern des Alphabets entstehen die Namen Gottes und aus ihnen wiederum die 10 Sefirot.[18]

Athanasius Kircher hat in seiner großen religionskundlichen Enzyklopädie *Oedipus Aegyptiacus*[19] im Band 2 die ihm bekannten Elemente der Kabbala umfassend behandelt: die Namen Gottes, die Sefirot und die Symbolik der Buchstaben. Auch er steht in der Nachfolge Postels, vor allem aber in der Nachfolge der christlich interpretierten Philosophia perennis, die das Sefer Jezira als dogmatische Vorwegnahme der Trinität und der himmlischen Hierarchie des Dionysius Areopagita interpretiert. Kircher geht ganz christlich-konventionell davon aus, daß das Sefer Jezira die Sefirot grundlege; er kennt auch den Begriff Ensoph aus dem Sohar und interpretiert die Sefirot anhand des Sefer Jezira-Kommentars von Rabbi Schabte[20]. Mit seiner Interpretation ist er von der

---

17 Postel, S. 55. Vgl. das sehr erhellende Vorwort von Peter Klein zum ND der Postel-Edition des Sefers Jezira, erscheint demnächst bei Frommann-Holzboog in Stuttgart-Bad Cannstatt.

18 Unklar ist, ob das Sefer Jezira auch die Spekulationen beflügelt hat, daß das Element Erde nur der Kot der oberen Elemente sei. Auch bei Hermes Trismegistos findet sich die Vorstellung, daß die Erde aus den Gedärmen des Dunkels käme. Im Sefer Jezira sind die drei Mütter die Typen der Elemente Luft, Wasser und Feuer (vgl. dazu in der vorliegenden Meyerschen Übersetzung S. 10, Kap. 3,3.); dann kann die Erde nur als Abfall aus den himmlischen Elementen des Geistes, des fruchtbaren Wassers und des himmlischen Feuers gewertet werden. Fludd hat das drastisch in einem Stich in seiner Enzyklopädie „Utriusque Cosmi Historia“ dargestellt (Abbildung II bei Goodwyn-Fludd S. 32).

19 4 Bde. Rom 1652ff. Zu Athanasius Kircher jetzt: Thomas Leinkauf, Mundus combinatus. Studien zur Struktur der barocken Universalwissenschaft am Beispiel Athanasius Kirchers SJ (1602–1680), Berlin 1993.

20 Das ist möglicherweise Sabbatai Abraham Donnolo, der von 913–970 lebte. „Sein ... Commentar über das Buch Jezira“, schreibt Goldschmidt, „scheint sehr verbreitet gewesen zu sein.“ (Das Buch der Schöpfung, hrsg. von Lazarus Goldschmidt, Frankfurt/M. 1894, S. 45.)

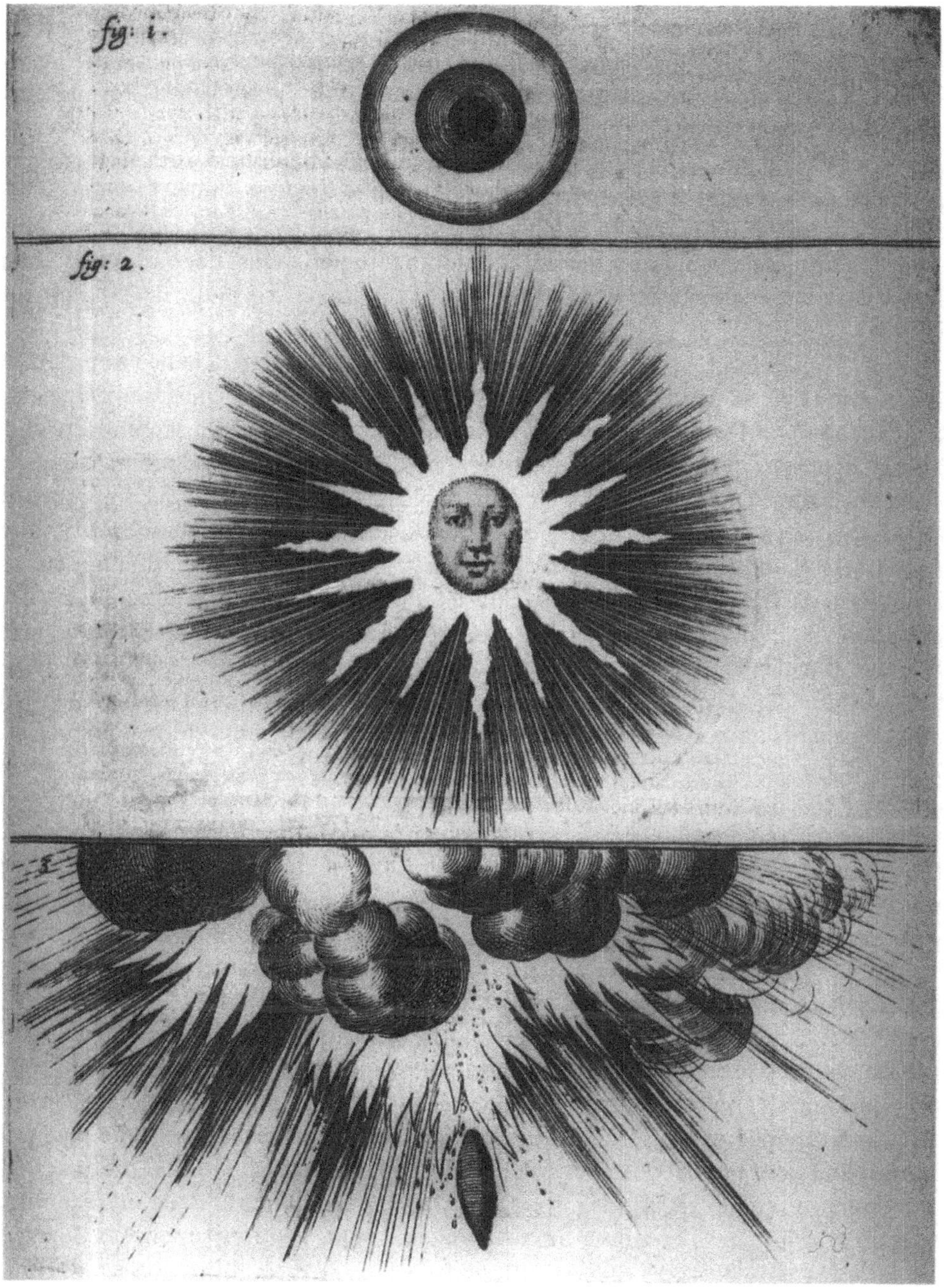

Abbildung II aus: R. Fludd, Utriusque Cosmi Historia, Offenbach 1618/19

gleichen Rigidität wie sein Zeitgenosse Rittangel, und es zeigt sich, wie stark die Sefirot-Theologie die Möglichkeit bestimmt, das Sefer Jezira zu lesen. Kircher faßt die Zehnzahl im Sefer Jezira so zusammen: „Corona summa, quae est mysterium centri, ipsa est radix abscondita et tres mentes, hoc est tres numerationes superiores sunt germen, quae uniunt se in centro, quae est radix earum; septem vero numerationes, quae sunt rami, uniunt se germini, quod refert mentes, et omnes uniunt in centro, quod est radix in mysterio nominis radicalis et essentialis, quae radix influit in omnes, et unit omnes in influentia sua, et omnia dependent ab influentia eius, adeo ut ob hoc omnia simul, centrum nempe, et mentes, et septem numerationes vocantur unitas una" (ebd. S. 297).

Diese Vermischung von Sohar und Sefer Jezira interpretiert Kircher nun christlich um, so wie es schon Guillaume Postel getan hatte und vor ihm, freilich weniger spekulativ, Reuchlin und Pico. „Sciendum, tria hoc denario Sphirothico a secretibus Cabalae Magistris indicari; primo supramundanum illum diuinae essentiae circulum in inaccesso diuinitatis abysso, quam Ensuph vocant, latentem, qui e centro incomprehensibili ratione euolutus dum se in infinitam possibilium rerum multitudinem egerit, vocatur Archetypus Mundus trium mentium, id est trium altissimarum numerationum, quas nos orthodoxe SS. Triadem appellamus; omnis enim creatarum rerum amplitudo & vastitas in eo sub vnitatis simplicissimae ratione complicatur: dum vero actu se diffundit, mox Mundus Angelicus, Siderus, Elementaris, & humanis erumpunt, eo ordine & proportione disposit, vt superiores semper influant in inferiores, seque vti sigillans ad sigillatum respiciant, omnes & singuli diuinorum nominum sigillis insigniti: siquidem Deus totius Archigoras vniuersitatis, vniuersorum principium, medium, & finis, non necessitate, sed sola liberrima sua voluntate, & ex mera bonitate, propter infinitam gloriam suam, teste Dionysio, omnia ex suo gremio seu profundissimo diuinitatis conceptu, & vt Hermes ait, e visceribus tenebrarum, quod *Ensuph* Hebraei vocant, emittens per *Cochma* Sapientiam Verbumque suum, cooperante *Binah* seu Spiritu Intelligentiae suae, primo produxit lucem, id est Angelicas substantias, seu Mundum Intellectualem; ex luce illa Angelica emanarunt astra; ex astris corpora seu Mundi machina sensibilis ex quatuor elementis compacta; & sic omnia sunt in omnibus suo modo."[21] Ähnlich wie es Fludd gezeichnet hat, hat auch Kircher die Dreiergruppierungen in den Buchstaben, wie sie sich in Vätern und Müttern zeigen, und zugleich in 6 Teilen dargestellt: „Quid per sex annulos, quibus matris obsignatae sunt, aliud huc loco indignatur, nisi sex sephiroth misericordia, iustitia, pulchritudo, victoria et gloria, (quae duae passim pro una sephira accipiuntur) Jesod et Malcuth? Quid ignis iudicii seu severitatis, queis in mundum pro ratione aequitatis influciunt? Unde & lancis meriti & debiti dicuntur. Et quinam sunt ij Patres, ex quibus anima prodentia sunt, nisi tres superiores Sephiroth:

21 Oedipus Aegyptiacus II, S. 298.

Pater, Sapientia & Spiritus seu Ignis? Quae apti per Aleph, Mem, Shin indicatur Aleph ... patri, sapientiae ... aquam, spiritum ... ignem attribuimus. Vides igitur, quomodo haec secundum analogiam quandam omnibus mundi classibus applicentur? Ex igne enim hoc supramundano primo creato caelo; ex aquis illis intellectualibus sapientiae creata est terra, aere conciliante et ignem et aquas; atque hinc in anno proveniunt frigidum, humidum, siccum, calidem, queis omnia originis suae principia nanciscuntur; ab his microcosmi mundi filius constituitur, caput ignea virtute pollens, a supremo illo igne; venter humiditate praeditus ab aquis illis sublimibus, corpus a Spiritu illo Altissimi."[22] Damit ist auch hier – noch ehe Raum durch die sechs Dimensionen im körperlichen Sinne entsteht – der Zahlenkosmos des Sefer Jezira christianisiert.[23]

Die Cabbala Denudata (Sulzbach 1677/Frankfurt 1684) des Kabbalisten Knorr von Rosenroth ist in ihrer beispiellosen Sammlung und Übersetzung kabbalistischer Texte eine Zäsur in der Kenntnis kabbalistischer Quellen im Spätbarock; sie trägt freilich gerade dadurch, daß die kabbalistischen Texte lateinisch zugänglich werden, auch wesentlich zur Entzauberung der Kabbala bei. Vor allem aber monopolisiert diese Sammlung die Beschäftigung mit der Kabbala auf ihr Textcorpus, so daß es, trotz der Ausgabe des Sefer Jezira durch Rittangel, sehr schwer ist, die Rezeptionsspuren des Büchleins zu verfolgen. Die letzten Anzeichen dafür, daß das Sefer Jezira auch außerhalb der Editionen Spuren in der christlichen Spekulation hinterlassen hat, finden sich bei dem Murrhardtschen Prälaten und Pietisten Friedrich Christoph Oetinger. Oetinger hat sich ganz in der Tradition der christlichen Kabbala gesehen, die er – historisch zu Recht – aufs engste mit Jacob Böhmes Theosophie verband.

Oetinger veröffentlichte 1763 sein *Öffentliches Denckmahl der Lehr-Tafel einer weyl. würtembergischen Princeßin Antonia in Kupffer gestochen, Dessen Original sie von den 10 Abglänzen GOttes in den Dainachschen Brunnen in einem prächtigen Gemähld gestifftet, Wobey von der Krafft der Brunn-Quellen, von der Philosophie der Ebräer, und überhaupt von dem Geist GOttes nach allen Stellen des Neuen Testaments eine Erklärung gegeben wird von M. Friederich Christoph Oetinger, Special Superintendent in Herrenberg.*[24]

Diese Lehrtafel war das Altarbild der Kirche im Kurbad Theinach, die der württembergische Herzog Eberhard III. (1614–1674) im Jahre 1662–1665 bauen ließ und die seine Schwester Antonia (1613–1679), die sich lebhaft für alles Hebräische, besonders für die Kabbala interessierte, mit einem Altar ausstatten ließ, der „als barockes

22 Ebd. S. 299.

23 Die sieben anderen Sefirot werden von Kircher als Planeten interpretiert.

24 Das Buch erschien 1763 in Tübingen.

Gemälde christlich mystische und kabbalistische Elemente vereinigte".[25] Einer der Lehrer der Prinzessin Antonia war der Augsburger Ephorus Johannes Steudner, der 1665 – gerade zu der Zeit der Errichtung des besagten Altars – eine „Jüdische ABC Schul Von dem Geheimnus deß dreyeinigen wahren GOttes und Schöpfers Jehovah" geschrieben hat, die sich mittelbar auf das Sefer Jezira beruft.[26]

Oetinger konnte sich auf dieses Buch, das er gelegentlich zitiert, stützen, als er in seiner „Predigt auf das Fest der Heiligen Dreyeinigkeit" die christliche Interpretation des Sefer Jezira als trinitarische Typologie interpretierte: „Es ist nach der uralten Ebräer Lehre die Dreyheit etwas unumstößlich gewisses; wie auch in dem Buch jüdische A.B.C. Schule von M. Johann Steudner bewiesen ist. Aber man muß die Juden nur mit dem Wort 'person' verschonen und dafür Ausgänge oder Abgläntze oder Sephiroth setzen, so kan man die Juden bald gewinnen, ohne diß aber jagt man sie von sich oder macht ihnen Anstoß."[27]

Das entsprach ganz der christlichen Kabbala, es entsprach der trinitarischen Interpretation der Sefirot auch im Sohar, wie sie auch Knorr von Rosenroth in seiner Interpretation der beiden Tafeln der Sefirot dargestellt hatte, daß nämlich die erste Tafel – in Analogie zu den 10 Geboten – die ersten drei Sefirot enthalte, die die Trinität symbolisierten, die übrigen sieben als Emanationen zu begreifen seien.[28] Diese Interpretation war Oetinger völlig selbstverständlich; so selbstverständlich, wie sie schon Postel gewesen war. In seiner Auseinandersetzung mit Zinzendorffs Theologie präzisiert er seine Zusammenschau von Sohar und Sefer Jezira aus der Perspektive der christlichen Philosophia perennis: „Nun ist aus dem Rabbi Schimeon ben Jochai, der fast Coaevus Pauli war und den *Sohar* geschrieben, und aus dem Sefer Jezira, welches dem Abraham zugeschrieben wird, bekannt, daß sie von den drey höchsten Sephirot, Kaeter, chochmah, Binah, als von 3 Intelligenzen, wie wir auch, in der Lehre von der Dreyheit reden

25 Zum Himmelreich gelehrt. Friedrich Christoph Oetinger. 1702–1782, Ausstellungskatalog von Eberhard Gutekunst und Eberhard Zwink, Stuttgart 1982, S. 209.

26 Der Titel lautet vollständig: „Jüdische ABC Schul Von dem Geheimnus deß dreyeinigen wahren GOttes und Schöpfers Jehovah. Aus dem denckwürdigen letzten Spruch und Auslegung R. Mosis Botril, über deß Patriarchen Abrahams ersten Satz cap. I im Buch Jezira eröffnet und mit christlichen Anmerkungen aus mehrern Zeugnussen H. Schrift und Jüdischer Rabbinen bezeichnet und erklärt. Darbei auch von der Juden mit eignem Mund bekanter Blindheit und von deß Ertzvatters Abrahams und seiner Sarae Glauben an den dreieinigen GOt und den Messiam aus zweyen Naturen bestehend gehandelt wird. Durch M. Johannes Steudner, Ephorum. Gedruckt zu Augsburg bei Johann Schultes/ Jm Jahr 1665." Vgl. Ausstellungskatalog Oetinger, a.a.O., S. 62.

27 Oetinger, Lehrtafel, ed. Breymayer/Häussermann, Bd. I, Berlin 1977, S. 247.

28 Cabbala Denudata, ND, Bd. I. 1, S. 14–27.

und daß sie von den 7 andern Sephirot gantz anders reden als von den 3 ersten, indem sie solche Middot, modos subsistendi, nennen, welcher Name für die 3 Höchsten allzu gering wäre, nicht als ob sie blosse Kräffte darunter anzeigten, sondern Kräften in einem allwissenden Geist. Inzwischen benennen sie weder die 3 ersten noch auch die 7 letzten mit dem Wort Personen, weil es sonst 10 Personen wären. Wir aber nennen sie in unserm Symbolo Apostolico mit allem Recht Personen oder Namen Weil JESUS gesprochen: *Tauffet Sie im Namen GOttes, des Vaters, und des Sohnes und des Heil. Geistes*. Und wer dasüber zanckt oder disputirt, der hat wenig Verstand in das Gantze der Wege GOttes. In einer Doctrina publica muß es also seyn: Da muß eine allgemeine Formul ein Ende an allem Streit machen. Nachdem die Griechen und Lateiner so lange gestritten, ob man sagen soll Hypostasis oder Bestand-haltende ewige Verstand-Würkkung oder ob man sagen soll: Person oder verständliches Wesen, das sich selbst bewußt ist; so ist es nun nicht mehr Zeit, darüber zu disputiren. Unser *Symbolum Apostolicum* ist durch die Göttliche Regierung auctorisirt. Es ist aber nicht verwehrt zu forschen, warum sich die Heil. *Offenbahrung* eines cabbalistischen Stili bedienet, da 3 und 7 vorkommen; nehmlich *das Geheimniß GOttes*, welches die *Seraphim* mit dreymal *Heilig* besungen, ist so was Anbetungs-würdiges, daß man sein Angesicht und seine Füsse bedecken sollte, so offt man es nennet. Und man sollte sich nicht unterstehen, mit so viel eigenen Bildern sich dahin zu wagen."[29]

4. Die Historisierung des Sefer Jezira

Als Oetinger diese – durchaus zweischneidige – Apologie der Kabbala fürs Christentum schrieb, war der historische Kredit des Sefer Jezira lange geschwunden. Auch Oetinger selbst glaubte wohl nicht mehr recht an das Patriarchenalter dieses Buchs. Es lag in der Konsequenz der entschleiernden Historisierung der pseudepigraphischen Texte seit der Renaissancephilologie,[30] die sich im Eklektizismus der frühen Aufklärung verstärkte, daß die pseudepigraphischen Texte ihren Kredit verloren. Das Sefer Jezira teilt dieses Schicksal mit den Texten, die die Philosophia perennis entscheidend mitgeprägt hatten: mit dem Corpus Dionysiacum und dem Corpus Hermeticum. Für das Sefer Jezira waren es vor allem die christlichen Hebraisten, die den Anciennitätsanspruch dieses Dokuments der Philosophia perennis zugunsten einer ernüchternden Chronologie denunzierten.

Mit Johann Christoph Wolfs *Bibliotheca Hebraea* (1711) und mit Johann Albert

---

[29] Lehrtafel, hrsg. von Breymayer/Häussermann , a.a.O., S. 131f.

[30] S. Anthony Graphton, Defenders of the Text. The traditions of Scholarship in the Age of Science. 1450–1800, Cambridge (Mass.)/London 1981.

Fabricius' *Sammlung der Pseudepigraphen des Alten Testaments* (1723) geriet das Sefer Jezira in die Mühlen der eklektischen Historiographie, in denen die spirituellen Grundlagen der Kabbala nicht mehr ernst genommen wurden und in denen allein nur noch bibliographisch-historisch gemahlen wurde.

Wie der berühmte Hamburger Hebraist Johann Christoph Wolff, stellte auch der ebenso berühmte Orientalist Johann Albert Fabricius nur noch die Editionen zusammen und kommentierte sie. Anders als bei Athanasius Kircher war der neuplatonische Hintergrund und die Frage nach der Schöpfungstheologie verblaßt hinter dem rein philologisch-polyhistorischen Interesse an den Codices, Drucken und Übersetzungen. Auch an Richard Simons *Histoire du Vieux Testament* geschult, ging es um die Kritik der Pseudepigraphie, die vor allem bei Fabricius' *Codex Pseudepigraphiae VT* im Vordergrund stand. Für das Sefer Jezira bedeutete das, daß sein Anspruch, dem Abraham offenbart worden zu sein, nicht mehr ernst genommen wurde. Johann Christoph Wolff hatte schon 1711 in seiner *Bibliotheca Hebraea* eine Notiz der Mantuaner Edition des Sohar aufgegriffen, wo das Sefer Jezira dem Rabbi Akiba zugeschrieben worden war[31].

Auf dieser Grundlage argumentierte der berühmteste der eklektischen Philosophiehistoriker, Johann Jacob Brucker, als er im zweiten Band seiner *Historia Critica Philosophiae* die jüdische Philosophie insgesamt in der Spätantike lokalisierte[32]: „Nos nihil quidem in tanto veterum silentio definimus, illud tamen certum esse putamus, librum hunc valde antiquum esse, et mature ante Talmudis compilationes confectum, eam nobis philosophiam methodo allegorica et mystica referre, quae in Aegypto ex Pythagorico-Platonicorum scholis enata inter Iudaeos inualuit, et post templi euersionem velut singulare gentis mysterium arcana servata est."[33] Brucker berichtet auch noch von den typologischen Spekulationen, die aufs Alte und vor allem aufs Neue Testament bezogen waren, aber er hält Distanz und betont, angelehnt vor allem an Johann Franz Buddeus' *Introductio ad historiam Philosophiae Ebreorum* (1702), die Differenz zwischen den kabbalistischen und christlichen Doktrinen. Dem eklektischen Historiker ist völlig deutlich: „Cabbalistarum Messiam, primogenitum et creatorem rerum a Christianorum Seruatore Christo vnigenito patris immenso discrimine differre, illumque ex mente Cabbalistarum hoc longe esse inferiorem, Deoque ipso posteriorem, trinitatem

31 Bibliotheca Hebraea, Hamburg 1711, Bd. I, S. 23.

32 „Et librum quidem Jezira Abrahamo parenti eos tribuere ex libri Cosri, aliisque magistrorum Iudaeorum scriptis patet: Cuius tamen arrogantis et ineptae opinionis pudit alios ex hac ipsa gente paulo cordiatores et melioris frontis, ut vel plane Abrahami esse foetum negarent, aut duos sibi libros Iezirah fingerent, quorum unum ad Abrahamum, alterum ad Rabbi Akibam, quem hodie legimus, referrent. Quod tamen aeque falsum est, nec ulla ratione potest demonstrari" (Historia Critica Philosophiae, Bd. II, Leipzig 1742, S. 711).

33 Historia Critica Philosophiae, Bd. II, Leipzig 1742, S. 711.

sephirothicam a Trinitate Christanorum toto Coelo distare, et principiorum triada, summo primoque inferiorum exhibere, et quae alia sunt huius commatis".[34]

Im Jahre 1786 wurde die Antwort des Theologen, Philologen und Saint-Martinisten Johann Friedrich Kleukers[35] auf die Frage der Akademie der Wissenschaften von Kassel gedruckt, wie man den Charakter und das Alter der kabbalistischen Schriften einzuschätzen habe. Der Titel der preisgekrönten Schrift lautete: „Über die Natur und den Ursprung der Emanationslehre bei den Kabbalisten" (Riga 1786).

Kleuker stützt sich, was das Sefer Jezira anbelangt, auf die Rittangelsche Ausgabe, aber er ordnet, vornehmlich an Knorr von Rosenroths *Cabbala Denudata* orientiert, die Kabbalisten, zumal das Sefer Jezira, in die Denkfigur der *Ältesten Urkunde des Menschengeschlechts* ein. Herder stand für diesen geschichtsphilosophischen Zusammenhang Pate. Das ist eine Geschichtskonzeption, die sich von der eklektischen Historie Bruckers unterscheidet. Die christliche Philosophia perennis ist zwar bei Kleuker noch in Kraft, aber sie wird doppeldeutig. Während es Brucker auf die Facta ankommt, auf die Daten und die Diskrimination, während er selbstgewiß von Betrug und Anmaßung der kabbalistischen Fälscher spricht, geht es Kleuker bereits um die Frage nach dem Sinn von Pseudepigraphien wie dem Sefer Jezira. Das Konzept der Philosophia perennis selbst wird als Bildung und Produkt der Zeiten, in denen die Pseudepigraphien entstanden, gewertet. Diese historischen Bildungen werden als historische Tatbestände ernst genommen, so ernst, daß die Pseudepigraphien selbst Ausdruck einer gebrochenen Weiterwirkung der Philosophia perennis sind.

Das ist Geschichtsphilosophie von Herderschem Geist und Herderscher Emphase. Bruckers harte Kritik verblaßt hinter Kleukers historisch-erbaulichen Spekulationen. Aber gerade dadurch werden die ältesten Urkunden der Kabbala – wie v. Meyer sie nennen wird – in der Tradition der Philosophia perennis auf eine merkwürdig ironische Weise plausibel. „Wenn man annehmen wollte", schreibt Kleuker, „... daß fast alle alte Völker Sapientiae ciuisdam reconditae custodes gewesen, und dabei bedenken, daß die Hebräer gewisse Sagen der Väter mehr und besser als irgendein Volk der Erde aufbewahrt hatten; so könnte sich unter ihnen so gut, als unter irgendeinem Volk der Erde, die ursprüngliche Lehre erhalten haben, und auch das, was die Kabbalisten die urerste heilige Wissenschaft nennen, wenn es dergleichen in jenen Urzeiten gegeben hätte."[36] Wie er das meint, präzisiert er einige Zeilen später: „Aller Vermutung nach bestand dieses sogenannte heilige Vermächtnis in einigen Überlieferungen vom Ursprung der Welt und des Menschen, von den Offenbarungen der Gottheit an die

---

34 Bd. II, S. 935.

35 Zu Kleuker: Frank Aschoff, Der theologische Weg Johann Friedrich Kleukers (1749–1827), Frankfurt/M. 1991.

36 Über die Natur und den Ursprung der Emanationslehre bei den Kabbalisten, Riga 1786, S. 82.

Menschen, und den gewissen heiligen Handlungen, welche auf die Anbetung des Höchsten und dessen zu erlangende Gunst abzweckten."[37] Diese Überlieferung sei in Chaldäa vor sich gegangen, aber mit Abrahams Verlassen von Ur sei diese Tradition abgebrochen. Die Kabbalisten nun hätten eine besondere Einsicht in die Licht-Metaphysik gehabt und einen Unterricht, „der auf das Lichtsystem der Urwelt Beziehung gehabt. Soviel aber ist gewiß, daß die Hebräer in Chaldäa wiederzufinden glaubten, was ihre Väter als heilige Lehren geglaubt hätten, ein Lichtsystem, welches den Grundbegriffen ihrer heiligen Bücher nicht geradezu widersprach."[38] Die Lichtmetaphysik übernimmt die Rahmenrolle der Philosophia perennis, auch noch in der Historisierung der Kabbala beansprucht diese Philosophie, die Grundlage der philosophischen Erschließbarkeit von Welt darzustellen: Hier sollten Philosophie und Theologie noch koinzidieren. Dieses Herdersche Konzept von historischer Philosophie und Theologie, das Kleuker vertrat, war auch noch die Ideengrundlage des Editors der gegenwärtigen Ausgabe, Johann Friedrich v. Meyer.

---

37 S. 84.

38 S. 85.

Printed and bound by CPI Group (UK) Ltd, Croydon, CR0 4YY
30/09/2026
14973049-0008